台湾を日常に

「神農生活」の
ある暮らし

シェン ノン ション フオ

神農生活 CEO **范姜群季** 著

はじめに

"台湾の感性を 普段の暮らしへ。"

　朝飛び起きて顔を洗い、慌ただしく身支度と朝ごはんを済ませて家を飛び出す。プレッシャーばかりの仕事場から疲れ果てて家に帰ると、晩ごはんを作るのさえ億劫になり、お惣菜で済ませようかな、と頭をよぎる。

　仕事に家事に子育て介護と、忙しさに追われる毎日を過ごしていると、買い物はいつしか「サッと済む」「すぐに終わる」が目的になった。速さと便利さを追い求め、次々と生まれては消えゆくものたち。世界じゅうのアチコチでありとあらゆるものが売られ、あっという間に使い捨てられる。手軽で簡単便利な買い物が定着していく一方で、シンプルやミニマムといった暮らしのあり方が生まれてきた——

　家で過ごす時間が増えた今こそ、思い巡らせてほしいのです。

　買い物かごを片手に、棚に並んだ品物のひとつひとつを手に取って眺め、ゆっくりと吟味する。疲れたら、傍らにある食堂でホッとひと息——そんな買い物だってあることを。

　なぜって？

　買い物も、あなたの暮らしの、大切なひとコマだから。

　その時間から、あなたの暮らしがつくられていくから。

　わたしたちが扱うのは、台湾という小さな島で生まれ育った良品です。食材も雑貨も、どれも長い時を経て、次の世代へと受け継がれながら、息づいています。わたしたちの役目は、それら品々を掘り起こしてお届けすること。

　台湾で育まれて育った感性が、きっとあなたの暮らしを彩ると願って。

目次

注記

▶本書の内容は2021年2月時点でのものです。神農生活スタッフの取材をもとに編集しています。 ▶商品価格は現地の台湾元表記としています。日本での価格は販売時期の為替レートに準じて設定されます。価格は変動したり、販売店によって異なる場合があります。 ▶掲載商品は台湾、または日本の店舗で販売されていない場合があります。また神農生活オンラインショップのみで販売している場合もあります。https://www.majitreats.com/home.aspx ▶2章、4章の商品ページにある「Local」「Essential」「Seasonal」「Suitable」は、P. 016–017でご紹介している「神農生活が大切にする4つの原則」です。各商品の特徴にあわせてチェックを入れています。 ▶レシピ表記の材料、作り方の小さじ1は5㎖、大さじ1は15㎖、1カップは200㎖です。 ▶本書に出てくる中国語のフリガナは、台湾の公用語である北京語にあわせていますが、日本語としての読みやすさををを考慮し、現地の読み方とは必ずしも一致していません。

第 1 章

「神農生活」とは

ライフスタイルショップ「神農生活」は、
2013年、台北円山でスタートしました。
売り場は決して広くありません。
でも店頭に並ぶ品々それぞれに込められているのは、
豊かで温かな物語。

わたしたちが大切にする4つの考え方
"L.E.S.S. is More" のもと台湾じゅうを探し回り、
厳選した食材や雑貨を提案。
あなたの暮らしに寄り添う、
台湾生まれの良いものをお届けします。

なんてことのない山間

なんてことのない海辺

なにげない風景が

織りなす小さな島で

何処にも息づく暮らしがあり

幾重にも物語が

紡がれています

神農生活が提案する

10 のこと

誰しもそれぞれ暮らしのスタイルがあります。
そのスタイルを形づくるのは、
身の周りのものたち。
暮らしを支える美しさは、たったひとつ。
もの選びから始まります。
神農生活が提案するのは、こんな暮らし。
それは、態度、といってもいいかもしれません。

1.

「より緩やかに」

走慢一歩 ゾウマンイーブー

急がず慌てずゆっくりを心がけること

2.

「より小さく」

小而好 シアオアルハオ

小さき中にも華を咲かせること

3.

「より暖かく」

有人情味 ヨウレンチンウェイ

誰かの手の温もりを大事にすること

4.

「よりシンプルに」

很簡単 ヘンジエンダン

複雑に考えないこと

5.

「よりローカルで」

向郷下 シアンシアンシア

都会の目線で考えないこと

6.

「手ざわり感のある」

有手感 ヨウショウガン

手仕事や手間ひまを軽んじないこと

7.

「古いものに触れ」

舊也是一種流行
ジウイエシーイージョンリウシン

温故知新に思いを寄せること

8.

「伝統を慈しみ」

珍惜傳統 ジェンシーチュワントン

古くからあるものを見直すこと

9.

「家仕事を楽しむ」

喜歡做家事 シーホワンズオジアシー

うち時間の楽しみ方を見つけること

10.

「自らを生きる」

生活的自己 ションフオドーズージー

自分のスタイルを見つけること

神農生活が大切にする
4 つの原則

この島のどこかで、
ものづくりに心を傾ける人たちが
つくった良品を見出し、
大地と人をつなげるのが、
わたしたち神農生活の役割です。
ものや情報がめまぐるしく移り変わる時代、
我々のモットーは
「ほしいものだけをセレクトする」。
神農生活がほしいと思うものには、
4つの原則があります。

神農生活の 4 つの原則を込めたスローガン

"L.E.S.S. is More"

1.
Local 地域色

各地の名産であり、台湾という小さな島で働く職人や、
信頼できるパートナーが手がけた良品である。

2.
Essential 必要性

ラインナップの基礎となる食材は、余計な加工や
過剰な包装なしに、お客様の暮らしを支える。

3.
Seasonal 季節感

使いたいと思った時、シンプルかつバラエティ豊かに、
二十四節気に合わせた品々がそろっている。

4.
Suitable ふさわしさ

適切な商品が合理的な価格で提供され、
より多くの選択肢の中から選ぶことができる。

豊かな物語がつまった

台湾発の食材や雑貨が

新たな暮らしを作ります

——さあ、神農生活へ

第 2 章

ほんの少しの 台湾風味を

台湾の家庭で古くから親しまれてきた味や、
それらに神農生活という息吹を吹き込んでつくり出した食材。
台湾のいまの食卓が見えてくるような、
そんなラインナップです。

台湾の味を食卓に

昔の台湾家庭の食卓には必ずあった食材や調味料。
日常に取り入れて、台湾のエッセンスを感じてください。

主食に台湾を

台湾の食卓になくてはならない米や麺、
昔ながらの知恵を感じる乾物など。

台湾おやつをどうぞ

懐かしい味、ホッとひと息つける味。それはあなたの暮らしの
傍らにおいてほしい、お菓子やお茶の品々。

▶商品ページ記載の「Local」「Essential」「Seasonal」「Suitable」は、
P. 016–017でご紹介している「神農生活が大切にする4つの原則」です。
各商品の特徴にあわせてチェックを入れています。

客家の故郷で生まれる
香り豊かな伝統食

はっか

—— 梅干菜 〈 カラシナの漬物 〉

メイガンツァイ

　台湾でカラシナの一大産地として知られる苗栗の公館は、倹約家で働き者といわれる客家の人たちの故郷でもあります。カラシナといっても白菜のような見た目で、日本のものよりずっと大ぶり。

ミャオリー

　客家の人たちは昔からカラシナを、まず塩漬けしたものを「酸菜」、一度干してから数か月塩漬けにしたものを「福菜」、再び干したものを「梅干菜」と呼び分け、3段階に用いてきました。酸菜、福菜、梅干菜の順に水分量が減り、同時に発酵の度合いが高まるので、3者は食感も味わいもまるで異なります。一般には酸菜は鍋、福菜はスープの材料として用います。

スヮンツァイ

フーツァイ

　そして客家料理の代表格というと「梅干扣肉」。一度蒸した豚肉に梅干菜を加えて醤油で煮たお料理です。塊肉を醤油で煮るだけでは醤油の塩味だけですが、梅干菜を足すことで、料理の甘みと香りをぐんと豊かにし、よりおいしくする工夫が加わります。

メイガンコウロウ

　他社では工程の大半が機械化されてしまった梅干菜ですが、神農生活で扱うのは、昔ながらの製法で人の手によって作られたもの。葉の善し悪しの見極めは人の目と手が必要です。袋を開けた瞬間に湧き上がる芳醇な香りは、この手間ひまから生まれるのです。

メーカー	阿煥伯
産地	台湾・苗栗公館
原料	カラシナ、塩
内容量	150g
台湾価格	160元

☑ Local
☑ Essential
☑ Seasonal
☑ Suitable

冬を越えて調味に生かされる
ニンニクの豊かな風味

—— 冬菜 〈キャベツの漬物〉

ドンツァイ

　コメの収穫が終わった田畑で植えられ、冬に収穫を迎える野菜を主な材料として保存食になった冬菜。メーカーによっては、原料表示がキャベツであることも、白菜であることもありますが、どちらも「冬菜」と呼ぶ理由は、ここにあります。

　中興で使っているのはキャベツ。1976年の創業以来、甕を模したパッケージが目印で、封を切ると、キッチンにニンニクの香りが広がります。

　防腐剤や着色料を一切使わず、昔ながらの作り方で、冬の収穫から春にかけてゆっくりと発酵させる冬菜。他社では最初から主野菜に塩とニンニクを混ぜて発酵させるのに対し、神農生活で扱う冬菜はまず野菜を日干しして塩をし、別工程で発酵させたニンニクを加えて、発酵させます。この手間が加わることで、味に何層もの深みを生むのです。

　昔は高級スープの材料として用いられていた冬菜ですが、使い方はスープだけではありません。炒め物にも、手軽に、でもきっと豊かな風味を加えてくれる食材です。キッチンにニンニクを切らしているなら、この冬菜で乗り切るのも一案です。ただ、塩気が強いので、調理の際は味見を忘れずに。

メーカー	中興果菜行
産地	台湾・台中
原料	キャベツ、塩、ニンニク、砂糖
内容量	260g
台湾価格	80元

☑ Local
☑ Essential
☑ Seasonal
☑ Suitable

塩加減と食感、ふた役をこなす
定番料理の必須アイテム

—— **蘿蔔乾**〈干し大根〉

ルオボーガン

　台湾にも「美濃」と呼ばれる場所があります。台湾南部の高雄市にある美濃は、日本統治時代にその名が付き、今は農業の盛んな地域として知られています。

　2本の川に挟まれ、良質な水が豊富なこの地の名産として、とりわけ知られているのがその特徴がネーミングされた大根「白玉蘿蔔」です。例年、10〜12月に収穫され、一般的な大根に比べるとかなり小ぶりで、皮が薄く水々しいこの品種は、煮るとほどなくして溶けてしまうことから「白玉」の名がついたそう。

　そんな特徴をもつ白玉蘿蔔を、皮を剥かずに塩漬けし、日干しして作られるのが神農生活で扱う「美濃白玉蘿蔔乾」です。元来、水分の多い品種ですから、日干しには2週間という時間をかけて干していきます。また、ほかで売られている干し大根は、白玉ではない一般的な大根で作られるため、比べると若干塩味に漬かりにくいのですが、そこは白玉。内側までしっかりとパンチのある塩味が効いたひと品です。

　台湾では、卵炒め（菜脯蛋〈ツァイプーダン〉）や、豆乳スープ（鹹豆漿〈シェントウジャン〉）といった定番料理にベースの塩味として、あるいは食感のアクセントとして不可欠の食材です。

　ご利用の際には、水で塩抜きするのをお忘れなく。

メーカー	美濃市美濃區農會
産地	台湾・高雄美濃
原料	ダイコン、塩
内容量	300g
台湾価格	180元

- ☑ Local
- ☑ Essential
- ☑ Seasonal
- ☑ Suitable

レシピ → P. 082

台湾料理に欠かせない
香りの決め手

—— **油蔥酥**〈 フライドエシャロット 〉
ヨウツォンスー

　品名に「葱」の字が見えますが、使われているのはネギではなく、台湾エシャロット。油蔥酥とはつまりフライドエシャロットのことです。

　滷肉飯、油飯、燙青菜、鹹湯圓、蚵仔麵線、擔仔麵、台湾で「小吃」と呼ばれる屋台料理から、星のついた高級料理店までが揃える必須調味料です。それはつまり台湾料理の決め手は油蔥酥にあるという証でしょう。

　家庭では、自家製のラードで台湾エシャロットを揚げるのが一般的。揚げ具合は人によってまちまちですが、それもまたオリジナルの味になります。

　神農生活で仕入れる鄭記の油蔥酥は、台湾の南部で採れた産地直送の台湾エシャロットを、まず人の手で選別するところからスタートします。次に皮を剥き、水洗いして汚れをしっかり落としてから、昔ながらの手法で時間をかけて揚げていきます。神農生活で扱うのは、揚げ油にラードではなく、植物油を使って揚げたタイプ。防腐剤や酸化防止剤なども使用していませんので、安心してお使いいただけます。

　油蔥酥は、入れるか入れないかで料理の風味がぐんと変わります。使えばきっとワンランク上の腕前にしてくれる、台湾の味に欠かせないひと品です。

メーカー　鄭記農產品行
産地　台湾・台中清水
原料　台湾エシャロット、キャノーラ油、小麦粉
内容量　60g
台湾価格　65元

☑ Local
☑ Essential
☐ Seasonal
☑ Suitable

028

茶色い小さな丸い実は
何役もこなす優れもの

―― **破布子** 〈 イヌジシャの実 〉
ポーブーズー

　台湾で魚の蒸し料理を頼むと、よく器に丸い実が載って出てきます。イヌジシャという低木の木の実で、台湾では破布子と呼ぶ、定番の調味料です。魚の臭み取りとしての役目も果たす破布子ですが、野菜炒めや蒸し野菜などにも活用できる優れた木の実なのです。

　本格的な夏が始まった頃、乳白色の実がたっぷりついた枝ごと市場に出回り始めます。調味料になるのはこの実ですが、一方のイヌジシャの葉は、虫に食われて完全な葉がないことから「破れた布」という有り難くない名がついたとされています。

　そんな実を枝から落とし、ゆっくり火を通してから醤油ベースの漬け汁に漬け込むと、うっすら緑がかった茶色の破布子の出来上がりです。ショウガの量や砂糖の量など、家々によって漬け汁の塩梅は異なります。

　神農生活で扱う明徳の破布子は、粒が大きめで、ほんの少し加わったシナモンが味に独特の風味を添えています。ただし、人工調味料や着色料、防腐剤は無添加。自然の味をお楽しみいただけます。

　なお、台湾では、破布子のタネはそのまま調理してしまうことが多いです。タネを取り出すか否かは料理する側の胸先三寸、かもしれません。

メーカー	明徳食品工業(股)公司
産地	台湾・高雄
原料	イヌジシャ、水、砂糖、遺伝子組み換えでない大豆を使った醤油、ショウガ、塩、酵母エキス、グレープシードオイル、シナモンパウダー
内容量	290g
台湾価格	220元

☑ Local
☑ Essential
☑ Seasonal
☑ Suitable

骨付き肉を蒸す時に
必ず登場する鉄板の調味料

── **蒸肉粉**〈 米粉のスパイス 〉
ジョンロウフェン

　日本で家庭料理の調理方法というと、煮る、炒める、焼く、揚げる、あたりが代表的なのに対し、台湾の家庭料理で多いのが「蒸す」。小籠包に肉まんはもちろん、なんなら魚や野菜も蒸していただきます。この理由には、電鍋という蒸し料理の得意なキッチン家電がどこの家庭にもあるからかもしれません。

　肉の蒸し料理に必ず登場するのが蒸肉粉です。名前の通り、肉を蒸す専用の調味料。揚げ物と同じ要領で、蒸す前の骨付き肉（排骨）などにまぶします。つまり、簡単にいえば蒸す際の衣の役割を果たすわけです。「粉」とあるけれど、その正体は白米。小麦粉などではありません。神農生活で扱う自祥商號という老舗の蒸肉粉は、米に八角、シナモン、クミン、コショウで香りをつけたもの。香料はこの４種に限ったものではなく、好みの香料を使って自作する人もいます。

　蒸肉粉を使った料理として台湾の誰もが口をそろえるのが「粉蒸排骨」です。器の下層部分にタロイモやサツマイモを敷き詰め、その上に蒸肉粉をまぶした骨付き肉を載せて蒸すだけ。蒸肉粉を使うと、そのまま蒸すのとはまた違い、米の甘みと香料のスパイシーさで肉の臭みが消え、しっとりとした味わいになります。

メーカー	自祥商號
産地	台湾・雲林
原料	米、五香香料（八角、シナモン、クミン、コショウ）
内容量	100g
台湾価格	25元

☑ Local
☐ Essential
☐ Seasonal
☑ Suitable

レシピ → P. 084

いつもの食卓に
爽やかな山の風味をもたらす

―― **馬告**〈 山胡椒 〉

マーガオ

　古今東西、さまざまなスパイスがありますが、台湾
で最近になって一気に注目を浴びたのがこの馬告です。
　台湾原住民族のタイヤル族の間で「maqaw」と呼ば
れていた香辛料に中国語の音である馬と告をあてた名
前が広く知られるようになりました。日本の皆さんに
は「山胡椒」と書けばどんなものかぐっと想像しやす
くなるかもしれません。そう、山で採れる香辛料です。
　収穫時期は例年5月から6月にかけて。人工栽培は
されておらず、台湾では天然自生の小さな実が採れた
分だけ流通しています。原住民の人たちの間では、二
日酔いや疲労回復といった効能もあるとされています。
　特徴的なのは、やはりその香り。新鮮な馬告はレモ
ンに似たさっぱりした強い香りを放ちます。神農生活
で扱うのは乾燥させたもの。香りはやや落ちてしまう
ものの、保存が効き、長く楽しんでいただけます。
　海外の料理人が絶賛したことが注目のきっかけにな
り、台湾全土で使われるようになった馬告。肉、魚、野
菜のどんな料理にも使われていますし、台湾式ソーセ
ージに入れる、なんて使われ方も。粒のまま使うのも
いいけれど、すり鉢などで潰すと、よりいっそうフレ
ッシュで、爽やかな香りが広がります。

メーカー	台灣味社會事業
	股份有限公司
産地	台湾・嘉義
原料	馬告
内容量	20g
台湾価格	160元

☑ Local
☑ Essential
☑ Seasonal
☑ Suitable

獲れたて新鮮な海の幸は
食卓で何役もこなす芸達者

―― **海鮮醬**〈 海鮮オイル漬け 〉

ハイシエンジアン

中国語の「醬」というと、日本でもすっかりお馴染みになったXO醬が思い浮かびますが、本来はペーストもしくは発酵や塩漬けといったプロセスを経た、かなり幅広い調味料を指します。

神農生活ブランドの海鮮醬は、小卷醬、干貝醬、鯖魚醬の3種で、それぞれ主材料は、ヤリイカの子、干し貝柱、サバ。これらメイン素材の味をしっかりと残しつつ、ニンニクに唐辛子入り。おつまみとしてそのままいただくもよし、ご飯のお供にもよし。あるいは、麺、パスタといった主食に添えても味が決まるだけでなく、茹で野菜、炒め物にも使えて、ひと瓶でもはや万能といえる活躍は間違いありません。

小卷醬は、小さなヤリイカを200度でじっくりと揚げた中に、台湾エシャロット、ニンニク、唐辛子を順に加えていき、最後に砂糖とうまみ調味料を加えたシンプルなタイプ。防腐剤は不使用ですが、オイルが保存の役目を果たしてくれるので、開封した後もしばらくは、冷蔵庫で臨戦態勢を保ってくれます。

3種の海鮮は、すべて台湾の離島・澎湖諸島で水揚げされたもの。海の幸の新たな生かし方を知る一品といえます。

メーカー	博勛食業有限公司
産地	台湾・澎湖
原料	**小卷醬**：ヤリイカ、台湾エシャロット、ニンニク、唐辛子、キャノーラ油、砂糖、うまみ調味料
	干貝醬：干し貝柱、エビ、金華ハム、台湾エシャロット、ニンニク、唐辛子、キャノーラ油、砂糖、うまみ調味料
	鯖魚醬：サバ、台湾エシャロット、ニンニク、唐辛子、玉ねぎ、キャノーラ油、砂糖、うまみ調味料
内容量	各200g
台湾価格	各250元

☑ Local
☐ Essential
☑ Seasonal
☑ Suitable

生産者取材 → P.038　　レシピ → P.086

澎湖　湖西

ポンフー　　　フーシー

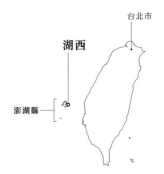

台北市

湖西

澎湖縣

瓶にめいっぱい詰める
離島の恵みと若人の夢

「車のドアを開けるとき、風に持っていかれないように気をつけてください」

　澎湖取材初日、島内を巡ろうと手配したレンタカー屋さんで、店の主人が言った。笑い事ではなく、本当に気をつけないと車が壊れるんですよ、と念まで押されて。台湾有数のリゾート地として知られ、中国大陸と台湾本島の間を走る台湾海峡にある澎湖諸島は、中秋節を過ぎると大陸からの強い季節風で海が荒れる。台北でも約ひと月、ほとんど青空を拝めていなかった。この不安定な天気とのにらめっこは、約2か月に渡った。2020年12月ようやく、わずかの隙を突いて、オフシーズンの澎湖へ向かった。

　翌朝午前4時。澎湖魚市場には、すでに灯りが煌々と点いていた。水揚げの終わったばかりの魚が、ビニールシートの上にずらりと並べられている。

「今日は久しぶりに水揚げ量が多いです。漁船から揚げられた魚は、こんなふうに大きさと種類に分け、番号順に並べていきます。このエリアは、一般の人も入れますけれど、買い付けできるのは登録業者だけです。台湾本島では、業者が金額を叫ぶ形で競りを行う漁港もありますが、澎湖では紙に記入するんです」

　案内してくれたのは、神農生活の海鮮醤シリーズを手がける李柏勲さんだ。1986年澎湖生まれ、澎湖育ちの李さんは3人兄弟の末っ子。同じ苦労をさせたくないという漁師の父の意向を受け、兄も姉も公務員になった。李さん自身も高校卒業後に警察官として6年勤務したが、家業を手伝うため、2013年に澎湖へ戻ってきた。

　日本同様、少子高齢化の進む台湾では、これまた同じように都心部への人口流出という課題を抱える。ところが、李さんによると「澎湖には、若い世代が戻ってくる率が高い」のだという。

「花火フェスティバルが始まってから、台湾内外からの観光客が増えました。すると、親が子に家を買って、その家でゲストハウスをオープンする若い人たちが出てくるようになったんです。澎湖はこの数年、観光ブームなんですよ」

魚はとにかく新鮮さが肝心。お
腹の張りとエラの色で見極める。

上／二坎エリア。サンゴ礁を用いた建物が残り、海の暮らしが色濃く見える。左中／ヤリイカの子どもは全長5〜6センチ。左下／ヤリイカを大鍋に入れ200度で揚げていくと、香りが立ち込めてくる。右下／先にイカをギリギリまで詰めてから、揚げ油を注ぐ。ひと瓶ずつ、すべて手作業。

　澎湖国際海上花火フェスティバルが始まったのは、2003年である。例年、4～6月の2か月間、週に2度、花火が打ち上げられる。天気も安定し、花火もあり、天然ウニも解禁と三拍子の魅力が揃ったのが奏功し、大いに注目されるようになった。
「澎湖で採れる海の幸は、鮮度と甘みが全然違う、と台湾本島でも人気が高いんです。台湾で海の幸を食べるなら、やっぱり澎湖がいちばんだと思います」

　李さんたちが手がける、ヤリイカを使った小巻醬、干し貝柱入りの干貝醬は、台湾でもよく見かけるオイル漬けの合わせ調味料だ。李さんは作り方を父から習い、自社ブランドとしてあちこち売り歩くうちに、神農生活と出会った。また、台湾ではあまり食卓に上らないサバを使った鯖魚醬をオリジナルとして開発した。
「台湾では、サバやアジは別の魚のエサにされてしまうので、食べる機会がないんです。サバは澎湖でも獲れますし、味がよいので、向いているんじゃないかと思ってトライしてみました」

　これら調味料だけではない。高級魚として知られるサワラの仲間「土魠魚」など、仕入れた魚を出荷している。ゆくゆくは、澎湖の食材を提供するゲストハウスを持つのが夢だ、と李さんは穏やかな水面のような瞳で語った。手にしたひと瓶には、澎湖の海の恵みとこの島に暮らす人の、豊かな物語が詰まっていた。

将来的にはゲストハウスをオープンしたい、と夢を語る。

小分けパックのお米で
うちご飯をもっと気軽に

―― 一日米 〈 使い切りタイプの米 〉
イーリーミー

　炊飯。文字にするとわずかふた文字ですが、まず米の入った大きな袋を取り出し、計量し、洗って浸水させ、炊飯器で調理する――お米を炊くには、たくさんのプロセスがありますよね。炊飯器の登場で、火の番をせずともよくなったのは、大きな変化でしたが、最初の「計る」工程は長い間、見過ごされてきました。「一日米」シリーズは、毎回のその手間を少しでも軽減したい、と小分けパックにしたものです。入っているのは150グラム。1人暮らしなら1日、2人暮らしなら1食分、といったところでしょうか。さっと取り出せる、それだけでぐっと手軽に調理が可能になります。

　台湾でも米の研究開発が進み、日本米に負けるとも劣らない品種が登場しました。例えば一日米シリーズの「台梗九號」(P.045 下段) は、台湾で生産される米の中でも、適度な粘り気と硬さがあり、コシヒカリに近い品種とされています。現在、シリーズは4種類。それぞれ産地が異なるので、毎日違った味を楽しめます。

　うちでご飯を作って食べる。それは暮らしの基礎となる事柄です。とはいえ、三食自炊は決して簡単なことではありません。だからこそ、神農生活では、気軽に始められるお手伝いをしたいのです。

メーカー	日禾精米商號(米罐子)
産地	台湾・彰化
原料	米
内容量	各150g
台湾価格	各49元

☑ Local
☑ Essential
☑ Seasonal
☑ Suitable

女性にやさしい小豆を
普段づかいに

—— 一日紅豆 〈 食べきりサイズの乾燥小豆 〉

イーリーホンドウ

「紅豆、黄豆、黒豆」は、それぞれ中国語の小豆、大豆、黒豆のこと。日本語になるときに、豆の色がなぜか大きさと色に変わってしまったわけですが、その栄養価の高さは誰もが認めるところ。

たとえば小豆。日本でももち米に小豆を入れて炊く赤飯は、女の子の初潮などのハレの日の食事として知られますが、台湾では女性の月のものが訪れると、積極的に「血を補う」ための普段づかいの食材として位置づけられています。「生理？ じゃあ、小豆食べるといいよ」は台湾人の間では当たり前のフレーズです。

それでも、よほどの豆好き、料理好きでなければ、自宅で豆を煮ること自体、なかなかハードルの高いもの。ただハードルはその量にもあるのかも。一般には500gやキロ単位で販売されているため、一度で使い切れず、気づいたら賞味期限が切れていた、だから次に手が伸びないなんて方は多いのではないでしょうか。

神農生活の豆は、大豆と黒豆は250グラム、小豆は280グラムでひとパック。小ぶりの鍋で煮るにはちょうどいい量です。残った豆は、一度に食べ切れる量に小分けして、冷凍保存がおすすめ。無駄にすることなく食べ切るのもまた、大事な姿勢のひとつです。

メーカー	美濃市美濃區農會
産地	台湾・高雄美濃
原料	小豆
内容量	280g
台湾価格	120元

☑ Local
☑ Essential
☑ Seasonal
☑ Suitable

台湾生まれのスーパーフード "料理界のルビー"

―― **紅藜** 〈 台湾レッドキヌア 〉

ホンリー

　スーパーフードとして知られるキヌアと同じアカザ属に属す紅藜。キヌアが南米原産の穀物であるのに対し、紅藜はれっきとした台湾原産です。「タカサゴムラサキアカザ」という学名をもち、キヌアとは異種にあたります。でもアカザと言われてもピンとこない？日本の穀物ヒユの仲間、と言うとどうでしょうか。

　紅藜は熟すと赤くなるのが特徴で台湾では「料理界のルビー」の別名があるほど。ただし、脱穀するとベージュの色をした素肌が現れます。栄養価はキヌア同様に非常に高いことで知られ、タンパク質、食物繊維、ビタミンEの成分が多く含まれています。

　紅藜は昔から台湾原住民の間で、コメやもち米などと一緒に竹筒で炊いたり、小米酒に用いられたりして食されてきました。近年になって、台湾のスーパーフードとして注目を浴び、主に台東、屏東、花蓮といった台湾の東側で栽培されています。

　お茶と同じ要領で、お湯出しして飲んでみてください。一説には、もし飲んで苦味を感じるようなら、胃の調子がよくない証拠だとされています。出がらしは、ほかの雑穀と同じように、お米と一緒に炊くだけ。栄養価を無駄にすることなくご利用いただけます。

メーカー	信豐農業科技股份有限公司
産地	台湾・台東
原料	紅キヌア
内容量	200g
台湾価格	240元

☑ Local
☑ Essential
☑ Seasonal
☑ Suitable

サッとゆでて混ぜるだけ。
気軽に、手軽に、いただきます！

── 乾拌麺 〈汁なし麺〉
ガンバンミエン

　神農生活のプライベートブランド（以下、PB）商品として出している「乾拌麺」は、１袋に中太の麺と液体調味料、辛み調味料、トッピングが入っています。

　作り方はとっても簡単。たっぷりのお湯でゆでながら、器に調味パックを入れて混ぜるだけ。麺が太めなので、それに伴ってゆで時間６分と少々長めですが、それでも伸びたりせず、コシのある麺です。

　日本で袋麺というと汁麺が基本ですが、台湾では汁なしのまぜそばタイプも汁麺同様に親しまれています。神農生活が採用したのは後者の汁なしまぜそばタイプ。味は、ニンニク風味が利いた「蒜香辣籽」（P. 051 上）、ゴマの味が濃厚な「擔擔麺」（P. 051 下）との２種類。ゴマの産地で有名な台湾中部・嘉義のゴマなので、コッテリと、でもしつこくないベースに仕上がっています。

　気をつけたいのはその辛さ。辛味調味料のパックは、一度に全部入れてしまうとかなり辛いので、必ず量を加減してください。

　疲れて晩ご飯を作る気力がない、でも、麺をゆでるくらいならできそうだ──そんな時に大活躍する袋麺です。できあがったら、リラックスして、気楽な気持ちでいただきましょう。

メーカー	東和製油工廠
産地	台湾・嘉義
原料	麺：小麦粉、水、塩 別途液体調味料、 辛み調味料、 トッピング付き
内容量	蒜香辣籽：123g×6袋／箱
	擔擔麺：136g×6袋／箱
台湾価格	各290元

- ☑ Local
- ☐ Essential
- ☐ Seasonal
- ☑ Suitable

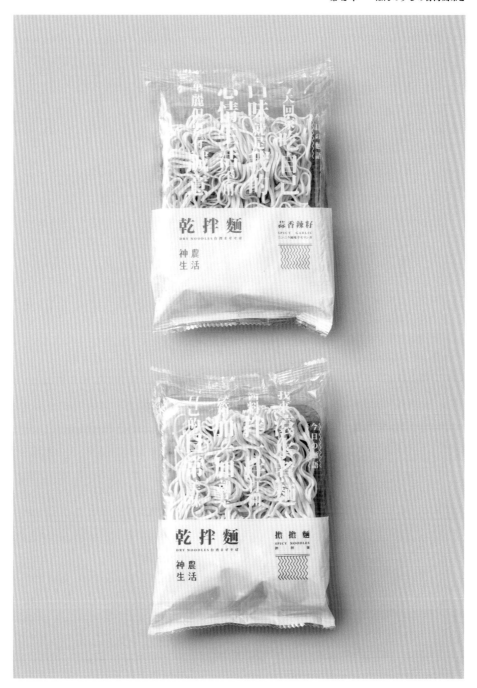

レシピ → P. 088　　開発ストーリー → P. 106

台南關廟の街が生んだ
伝統の天日干しによる麺

—— **關廟麺**〈 台南名物乾麺 〉
グアンミアオミエン

　台南の麺といえば、卵入りでほんのり黄色味がかった意麺が有名ですが、実はこの關廟麺も双璧をなすスタンダードな麺です。台南の市街地から北西にある關廟では、昔から麺作りが行われていました。つまり、その生まれたエリアが名前の由来です。駅から關廟までには、麺の字を冠した店が次々と並んでいます。

　小麦粉と水と塩だけで作るシンプルな麺ですが、最も大きな特徴は天日干しであること。製造の段階でしっかりと水分を飛ばしているため、傷みにくく保存が効くのが、湿度の高い台湾では重宝するのです。

　麺のひと玉が三角形をしているのは、日干しの際に円形のザルに載せて干すから。スペースを有効利用するために、今の形に変化していったそう。「關廟」と銘打って麺を製造する会社は關廟には40社以上あり、その多くは機械によって乾燥させるのですが、今でも天日干しを続けるのはごくわずか。天気のよい夏の日には朝早くから、3日ほどかけて干します。麺作りもまた、天気に左右される仕事です。しっかり日干してあるからこそ、多少、ゆで過ぎたとしても麺のコシが失われることはありません。汁麺でも汁なし麺でも、おいしくいただける万能の麺です。

メーカー	大廟口食品有限公司
産地	台湾・台中
原料	小麦粉、水
内容量	1.2kg
台湾価格	99元

☑ Local
☑ Essential
☐ Seasonal
☑ Suitable

昔ながらの農法によって
牛とともに育まれた胚芽米

—— **牛耕自然米** 〈 台湾産オーガニック米 〉

ニウゴンズーランミー

　牛は、中国大陸から台湾へ人が渡ってきたころ、人について台湾へやってきました。以来、台湾という島の開拓には決してなくてはならないパートナーとして、人ともに生きてきました。台湾では、数はめっきり減ってしまったものの、今もなお、牛が田畑の土を踏む姿を見かけることができます。

　台湾の米作りで活躍したのは、水牛です。力持ちで立派な角を持つ水牛は、成牛になると体重700〜1,200キロほど。がっしりとした体格に育ちます。彼らの主食が田んぼの周りの雑草だというのも、人のおメガネにかなった理由かもしれません。

　神農生活が扱うこの牛耕米の生産者のもとにいる6頭のうち5頭が水牛です。田んぼに生える雑草を食べるのは、100羽ほどの鴨の役目。だから、農薬も化学肥料も使っていません。

　台湾の米作りは、2期作が基本。旧正月が明けた春先と、その収穫が終わった夏の2度、田植えが行われます。この牛耕米が作られるのは春先だけ。収穫後には、生産者自ら脱穀を行っています。

　牛とともに自然の中で作られたお米は胚芽米。栄養価が高く、まじりっけなしの確かな味わいです。

メーカー	水牛學校
産地	台湾・新竹
原料	米
内容量	各500g
台湾価格	各150元

☑ Local
☑ Essential
☑ Seasonal
☑ Suitable

生産者取材 → P. 056

産地へ向かう ② 牛耕自然米

新竹 關西
シンジュー　グヮンシー

關西

台北市

新竹縣

056

絵筆を梨〔すき〕に、画板を大地に。
牛と歩みつづけるアートな米作り

　初めて、牛の横に立った。その距離わずか数センチ。漂う空気感から、牛は人よりも体温が高いことが伝わる。息遣いがすぐ近くで聞こえる。ドキドキしながら顔をぐっと近づけると、向こう側から舌が伸びて、ぺろり、と顔を舐められた。頬には、ザラリとした感触と、なんともいえない温もりが残った。

　水牛のミミを含め6頭の牛たちと米作りをしているのは、李春信〔リーチュンシン〕さん。取材に向かった10月の終わり、田んぼは空っぽだった。台湾の米作りは年に2度だが、この牛耕米は1度だけ。春節後に植えた米の収穫後で、これから田おこしを行う時期だった。

　実際に田おこしの様子を見せていただいた。ミミは12才。梨〔すき〕をつけて耕すことを「代かき」〔しろ〕という。李さんが「GO!」と声をかけると、梨を背負ったミミがぐっと前に進む。日本では1960年代頃から耕運機に取って代わられたが、台湾では今もなお、昔ながらの代かきの姿を見ることができる。

　李さんの実家は農家ではない。大学を卒業し、イギリスでアートを学んで帰国した李さんが一転、農業を始めたのはちょうどミミの生まれた年だった。生後半年のミミに出会い、3万元（約10万円）で引き取ると、手にする道具を絵筆から梨に変えた。「周囲に牛耕で米作りをしている人がいたわけではありません。ですから、分からないことがあると、あちこち出向いて教えを請い、自分で試しながら米作りを続けてきました」

　神農生活のブランドマネージャー、李慧君〔リーフイジュン〕は李さんの実妹だ。李さんが農業への転身を打ち明けると、両親は仰天した、と明かす。「決して安くない学費を工面してイギリスまで美術の勉強に行ったのに、帰ってきたら農業ですからね。親は今も心配しています」

　妹が販売ルートを手伝ったのは無理もない。最初から農業が分かっていたわけではなく、牛たちとのコミュニケーションも、誰かにきちんと教わったわけではなかった。「牛とのやりとりに使う言葉は、人によって違います。台湾語を使う人もいれば、客家語を使う人もいますが、私は英語ですね。犬とのコミュニケーションと同じですよ。ただ最初は、歩いてほしいのに動かなくなったり、座り込まれたり、いろいろありました」

ロープを操りながら牛に声をかける。土を掘り起こす作業は、牛も人も全身で行う重労働だ。

上段左／白米は競合が多いこともあって、李さんが出荷しているのは胚芽米。安心していただける味だ。右上／ミミは最初の1頭だった。生後半年から飼い始めて、パートナー歴もすでに12年。今では息もぴったり。右下／犂を調節すれば、掘る土の深さも変わる。最初は試行錯誤の連続だった。

下段／鴨小屋に人が近づくと、一斉に鴨たちが近づいてくる。100羽へのエサやりはなかなかの迫力。

　そうまでしてもなお、美術の道から農業へと大きな転身をした理由はどこにあったのだろう。

「自分の中ではつながっているんです。人は画板の上に絵筆で絵を描きますけれども、私にとってはそれが、犂を背負った牛によって大地に絵を描いている、そんな感覚でいるんです」

　イギリスから帰国した直後、美術教師で生計を立てていた。牛と米作りをやるようになってからは、学校の休みの期間を利用して「水牛学校」なるプログラムを立ち上げ、子どもたちと牛の触れ合う場を設けている。冒頭の「顔舐め」は、水牛学校での最初の儀式でもある。

「現代では、牛というと、食べる対象でしかなくなってしまいました。でも、昔はともに農業を営むパートナーだった。子どもたちが知っているのとは違った牛の姿を見せ、伝えていくことも、文化を残していくひとつのあり方だと考えています」

　昔は台湾も日本も、牛や馬など四つ足の動物を食べることは禁忌とされていた。それは食べる対象ではなく、ともに生きる対象だったことに由来する。取材から戻ったあと、李さんとミミたちの育てたお米をいただきながら、しばらく牛肉を食べられそうにないな、と思ったのだった。

左／生産者の李さんと、神農生活のブランドマネージャー李慧君は兄妹。兄が作って妹が届ける。強力なタッグだ。右／大地に描かれるアートによって、消費者のもとには安心が届けられる。

まろやかな甘さが
懐かしさを呼ぶ、飲むおやつ

—— **麵茶**〈 台湾版麦こがし 〉

ミエンチャー

子どもの頃の出来事は、記憶の中でほどよく醸造されて、思い出へと変化していきます。とりわけ口にしていたアレコレは、「懐かしい味」となり、無性に食べたくなったりすることがあります。麵茶は、いまの台湾の大人世代が、子ども時代によく口にしていた、という飲み物のひとつです。

今でこそ世界各国からさまざまな料理や食べ物が入ってくる台湾ですが、昔は甘いものが今のように豊富ではありませんでした。そんな中で、親が子どもに飲ませていたのがこれ。

神農生活の紹介する阿振麵茶餅舗の麵茶は、小麦粉にゴマと砂糖という、ごくごくシンプルな素材のひと品。もちろん添加物などは使っていません。小さなお椀やカップにスプーンで麵茶を入れ、熱いお湯を加えて混ぜるだけ。袋から取り出した瞬間だけでなく、お湯を加えた途端にゴマの香りが立ち昇ってきます。

麵茶は、とろとろの弱火でゆっくりと小麦粉を炒めていき、砂糖とゴマを加えるのが、家庭における一般的な作り方です。阿振麵茶餅舗は60年以上続く麵茶の専門店。口あたりの滑らかさとまろやかな甘さは、子どもも親もホッとできる味わいです。

メーカー	阿振麵茶餅舗
産地	台湾・彰化
原料	小麦粉、ショ糖、ゴマ
内容量	500g
台湾価格	115元

☑ **Local**
☐ **Essential**
☐ **Seasonal**
☑ **Suitable**

離島で採れた海の恵みを
つまみにする贅沢

—— 小卷燒 〈 アタリメ 〉

シアオジュエンシャオ

　日本では漁業関係者でない限り、おおよそ「イカ」の１語による一点突破で通用しますが、台湾では品種によって言い換えるのが一般的。花枝はツミレによく用いられるコウイカ、魷魚はスルメイカ、小卷といえば小さめのヤリイカのこと。ただ、このイカの言い換え、台湾人なら誰もが形の違いをきちんと見極めているかというと、ざっくり大きさで判断している人も。

　澎湖で採れた各種のイカを用いた神農生活で扱うアタリメのうち、ヤリイカを使ったのが小卷燒。しっかりとした塩気と柔らかな甘さがあとを引く、大人の味をしています。このほかに、スルメイカを用いた魷魚絲と魷魚片もあり、また違った食感が楽しめます。

　臭みがなく、甘みのある身が特徴のヤリイカが採れるのは台湾の離島、澎湖諸島。台湾本島では濁水渓を過ぎ、雲林と嘉義の向かい側、海を挟んで50キロほど場所に位置します。大小90の島々にサンゴ礁と、台湾の離島のうちでもとりわけ美しい海のある観光地としても人気のエリアです。

　アタリメは、澎湖諸島で一番広く、人口も多い馬公でつくられています。海に囲まれた島々の恵みは、日本のそれとはまた違い、ちょっぴり贅沢な味わいです。

メーカー	萬泰食品廠
産地	台湾・澎湖
原料	イカ、砂糖、塩、うま味調味料、保存料
内容量	魷魚絲：90g 魷魚片、小卷燒：各80g
台湾価格	各139元

☑ Local
☐ Essential
☑ Seasonal
☑ Suitable

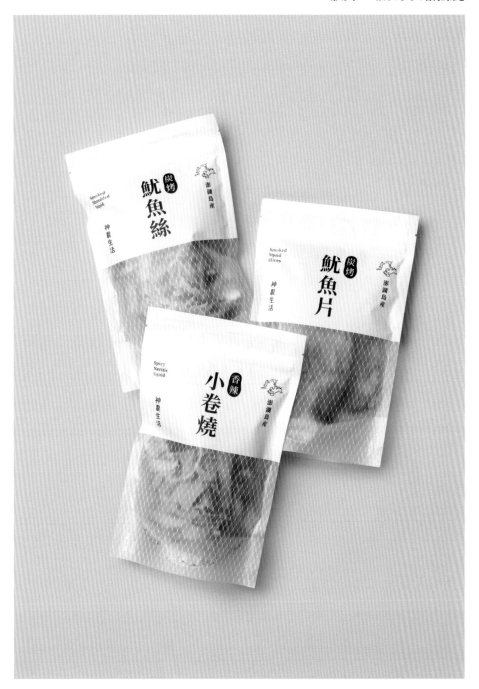

人生には、いつだって
甘ずっぱさがつきものだ

—— **果乾**〈 ドライフルーツ 〉
グオガン

　バナナ、マンゴー、パイナップル、グァバ、ライチ、ドラコンフルーツにパッションフルーツ……台湾は南国フルーツがとにかく、たわわに実ります。台湾旅行といえば夜市が日本人観光客に人気ですが、朝市に行くと、旬のフルーツが山盛りに売られています。

　ただ、こうした生のフルーツは新鮮さが命。採った直後から味は急激に落ちていき、すぐに食べられなくなってしまいます。それはとっても残念すぎる！ということで、砂糖と塩を加えて保存食にし、長く楽しめる形にしたのがドライフルーツです。

　神農生活がPB商品として手掛けているのは、マンゴー、パイナップル、グァバ、青マンゴーの4種。台湾南部の台南で栽培された新鮮なフルーツを、手早く丁寧にカットし、砂糖漬けにして乾燥させています。

　ドライマンゴーに使われるのは、日本でも人気の愛文マンゴーですが、ひとつの実から2片しかできません。パイナップルも1個の実からできるのは2片だけ。

　保存のためにほんのりと砂糖の甘味も加えていますが、基本的には果物のもつ甘さと酸味がベースになっています。その甘ずっぱさは、どんな人の人生にもきっとある味わい、ではないでしょうか。

メーカー	鈺豊農特産行
産地	台湾・台南
原料	マンゴー、パイナップル、グァバ、青マンゴー、砂糖、塩
内容量	**グァバ**（左上）：100g **マンゴー**（右上）、**青マンゴー**（左下）、**パイナップル**（右下）：各75g
台湾価格	各139元

- ☑ Local
- ☑ Essential
- ☑ Seasonal
- ☑ Suitable

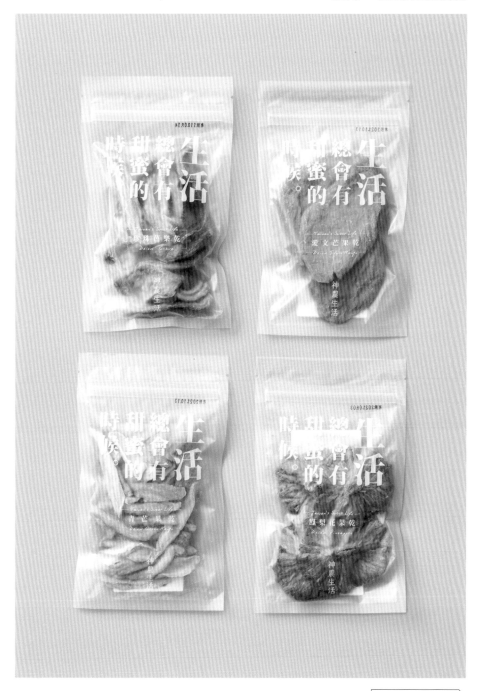

生産者取材 → P.068

台南 玉井

タイナン ユージン

玉井

台北市

台南市

マンゴーの故郷で
手仕事を重ねてできる甘ずっぱさ

　カゴに入ったグァバは、それまで見たことがないほど大きな実をしていた。あとで
グァバを栽培している友人に「珍珠芭樂」と冠された品種だと教わった。なるほど大
きいはずだ。取材に向かった11月初旬、マンゴーの収穫時期は遠く過ぎていた。収穫
して袋詰めするところまで作業が見られるのはグァバのみ。果樹園での作業から工場
での加工の様子までを見せてもらった。

　ドライフルーツになるまでには、グァバはマンゴーより手間がかかる。皮を剥き、
タネを取り除いて8等分に切る。それをブランチング（短時間加熱）したあと、砂糖、
塩、水を混ぜた専用液に漬け、半日から1日置く。そして24時間かけて低温で乾かす。
乾燥機から出し、くっついた実を手ではがしたあと包装し、品質チェックを終えて出
荷する。

　台南・玉井──台湾では誰もが「ああ、愛文マンゴーだよね」と口を揃える一大産
地だ。「愛文」という銘柄は、日本でも知られるほど有名になったが、そもそもマンゴ
ーの原産地は台湾ではない。アメリカのフロリダから持ち込まれたのが台湾産マンゴ
ーの始まりだ。人々の努力と時を経て、玉井で花開いた。
「玉井でマンゴーの樹に初めて実がなったのは、1960年代の話です。私が生まれたの
は1963年ですから、ちょうどその頃ですね」

　こう話すのは、フルーツ加工業を営む頼永坤さんだ。広大な果樹園を持つ果物農家
に生まれた頼さんは、台湾の最高学府・台湾大学を卒業後、台北で就職した。兄弟も
皆、台北にいた。三男の頼さんは、還暦を過ぎた親たちだけに広い果樹園の世話をさ
せるわけにいかないと、結婚して第一子が生まれる時期に故郷へ戻ってきた。

　1991年。最初にマンゴーが結実してからすでに30年が経ち、玉井はすっかりマンゴ

左上／グァバのタネ部分は捨てずに肥料にする。右上／加工場の中は、果物の甘ずっぱい香りがたっぷり。専用液からあがった瞬間、水分を含んでふんわりした様子に。左下／独自に開発した専用のナイフを使って鮮やかに切り終える。熟練の技が光る瞬間だ。誰もが黙々と手を動かす。右下／乾燥機から出てきたばかりのマンゴー。落ち着いた色合いに変化している。

一の一大産地となっていた。台南で始まったマンゴー栽培は、さらに南部の屏東や高雄といった地域にも広がっている。

　それにしても、玉井のマンゴーはどうしておいしいのだろう。頼さんは言う。
「この一帯は、台南でも高度が少し高い。果物の糖度は肥料で調節できますが、香りや風味は環境による。この土地柄があってこそ生まれる味なんです」

　育て上げた果物をいかにしてより遠くまで、香りや味を保ちながら届けるか──人智の結果として生まれたのがドライフルーツだ。

　ドライフルーツの良し悪しは「やはり食べてみないと」と頼さんは言う。外側は乾いていても、内側にほんの少し湿り気があるのがいいのだそう。乾かす温度や速度によっても味は変わる。頼さんのドライマンゴーは、穏やかな色合いと、歯で噛み切れる、ほどよい硬さがある。甘さも絶妙だ。
「砂糖が健康によくないとされて以降、ドライフルーツに砂糖無添加のものが出てきました。ただ、砂糖を加えることで、甘さや水分を保持する力が生まれたり、乾かしたあとも色味がキープできたりして、悪いことだけではないんですよ」

　頼さんは、ある時、ドライマンゴーをヨーグルトに入れてみたことがあるという。
「翌日、風味が際立っていました」。甘ずっぱさが湧き立つ気がした。人生だって甘いだけじゃない。甘ずっぱいからいいのだ。きっと試そうと密かに心に決めた。

左／結実したグァバの実には、網型の発泡スチロールとナイロン袋が二重掛けされている。右／頼さんは仕事を終えると毎日10キロ走るのが日課。玉井のマラソン大会では2位に入賞したこともある。

野菜の色や形をそのままに
サクサク食感があとを引く

—— 黄秋葵脆片 〈 オクラチップス 〉

ホアンチウクイツイピエン

　神農生活の野菜チップスシリーズは、オクラ、エン
ドウ豆、タロイモ、イモ3種ミックスの全4種類。野
菜の色や形がそのままなのは、真空フライ製法で揚げ
るから。真空フライ製法というのは、器内を減圧して
水分の沸点を下げ、通常よりも低温で揚げる方法のこ
と。これならば、素材の色や形を変えることなく、栄
養価の高さも保ちながら、サクサクした食感で野菜を
おいしくいただけます。

　たとえばオクラ。日本でオクラというと、生のまま、
あのネバネバ感を楽しみながらいただくことが多い野
菜ですが、野菜チップスになるとあのネバネバはまる
でなく、パリパリした軽い食感の仕上がりです。

　真空フライ製法には、もうひとつ大きなメリットが
あります。それは素材の味を生かす製法でありながら、
保存にも優れているため、防腐剤や人工甘味料などの
余計な添加物を用いる必要がないこと。色味も素材の
ままで、人工色素も不使用。ですから、安心してお召
し上がりいただけます。

　おやつというと、なぜか真っ先に甘い物を思い浮か
べてしまいますが、野菜チップスはしょっぱいおやつ。
ビールのお供にもピッタリです。

メーカー	屹兆莊企業有限公司
産地	台湾・台北
原料	オクラ、パームオイル、砂糖、コショウ
内容量	100g
台湾価格	119元

- ☑ Local
- ☑ Essential
- ☑ Seasonal
- ☑ Suitable

人生の味わいがすべてある。
ティーバッグで味わう台湾の味

—— **台灣茶** 〈 台湾茶 〉

タイワンチャー

台湾のお茶のおいしさは、もはや説明は要らないのではないでしょうか。日本の方の中にも、専用の茶器が手元にある、あるいは台湾で茶葉の加工体験をしたことがある、果ては自分で仕入れて販売している、なんて方もいるほどですから。とはいえ、一般的にはまだまだ「烏龍茶」といって思い浮かべるのは台湾ではない場所かもしれません。

神農生活で、台湾の茶葉製造のメッカ、南投から茶葉を仕入れることにしたのは、台湾のお茶のクオリティの高さを広く知っていただきたいという一心から。

気軽に、そして手軽に淹れていただきたいと、「茶入門」と名づけ、ティーバッグ入りにしたのも、そんな気持ちの現れです。お湯からでも水出しでも、おいしくお召し上がりいただけます。

神農生活で扱うのは、日月潭紅玉紅茶、凍頂烏龍茶、阿里山高山茶、文山包種茶の4種。どれも台湾を代表するお茶ばかりです。

苦味、甘み、爽やかな香り、ふっと心を落ち着かせる作用……お茶の味や香りには、まるで豊かな人生のすべてが詰まっているよう。台湾の緩やかな空気感を思い出しながら、一度、ゆっくり味わってみませんか。

メーカー	品香茶業(股)公司
産地	台湾・南投
原料	茶葉
内容量	各3g×6パック
台湾価格	各160元

- ☑ Local
- ☑ Essential
- ☑ Seasonal
- ☑ Suitable

生産者取材 → P. 076

南投 名間
ナントウ　　　ミンジエン

名間

台北市

南投縣

台湾茶の確かな味を作り出し
内外に伝える親子2代

　車から降りると、床一面に広げられた茶葉から漂う、なんとも爽やかな香りに包み込まれた。初めて嗅ぐ香りだったが、どこか気高ささえ感じさせるものだった。

　台湾茶というと日月潭や阿里山といった地名が比較的よく知られるが、実はここ台湾中部の南投県では、全台湾の茶葉のうち9割が生産される。さらに、そのうちの48パーセントもの量を生み出しているのが、南投の名間郷エリアである。

　自動販売機が広く普及している日本とは違い、台湾では自販機の代わりに建物の一角で販売するドリンクスタンドが複数チェーン展開している。タピオカドリンクのように、手にしてすぐに振って飲む「手搖飲」と呼ばれるスタイルが一般的だ。お茶農家であり、オリジナルブランドも展開する「品香茶業」の林慕慕さんは言う。
「南投で生産される茶葉の納品先の多くは、ドリンクスタンドです。このあたりで採れる茶葉のほとんどが、台湾内で消費されるBtoB向けのもの。うちでも初期の頃は大手チェーン店に茶葉を納めていました」

　台湾と日本は、お茶に関して共通の課題を抱える。それは、若い人が昔ほどお茶を飲まなくなったこと。その昔、台湾では、卓を囲んで家族や友人と茶を飲むのが常だったが、1990年代以降、一気に海外の文化が入ってきた。とりわけ2000年になってからは、若い世代にカフェ経営のブームまで起きるほど、コーヒーが大衆化した。お茶は、コーヒーの隆盛の影へと追いやられた格好である。
「勤めていた銀行を辞めて家業を継いだのは、お茶の世界を立て直したいと考えたからです」と語るのは、林さんの夫で、同社でマーケティングを一手に担う黄立倫さんだ。故郷に戻るとすぐ、茶葉を抱えて海外を飛び回った。そうして外から台湾茶の世界を見た経験をもとにオリジナルブランドを立ち上げ、それが誠品生活や神農生活、はては日本企業の目に止まり、国際空港にも置かれるほどになった。

　だが、ブランドを確かなものにするのは、なんといっても品質だ。黄さんの母、李

葉の水分をまんべんなく飛ばすには、茶葉を適宜、「起こす」必要があるそう。そのタイミングは温度湿度を見極める熟練の知恵が要る。

左上／茶葉を摘む手元には、一人ひとりオリジナルのカッターを持つ。無農薬の茶畑には、雑草除けかつ肥料として、一面にピーナツの殻が敷かれる。右上／茶摘みは出来高払い。笑いながらもどこか真剣な瞬間。左下／男性2人がかりで機械で茶葉を摘んでいく。袋の中へ茶葉が吸い込まれる。右下／両手ですくうようにしてひとザルごとに茶葉をひっくり返す。

麗芳さんは幼い頃から茶を学び、茶葉の品評会では審査員も務める。気温や湿度によってその日の作業が変わる茶製造だが、今回の取材は、台湾茶を知り尽くした李さんの陣頭指揮によって、烏龍茶の製造プロセスが一通り見られるように手配されていた。

　まず、たくさんの人の手で茶葉を摘む。摘むのは、若い芽のついた双葉の部分だけ。選りすぐって採取された茶葉は、葉の水分を飛ばす「萎凋」と呼ばれる工程へ向かう。「葉の具合を見ながらの作業は、機械ではできません」と黄さんは言う。さらに、発酵の頃合いを見計らって釜で炒ったあと、圧力をかけて揉んでいく。そのうえで、再び乾燥させる。すべての工程が、その日の天気に左右される。茶葉の採取だって1日がかりだ。萎凋も、繰り返し繰り返し、平らに干した茶葉やザルの中の茶葉を、人が手に取り、ひとつひとつ入れ換えていくのだから。

　限られた時間とはいえ、最大限にお茶のことを知ってほしい、という心配りが感じられる内容だった。ひと通り参観を終えると、李さんが茶を淹れてくれた。
「日の光と空気と水。この三つがお茶の味を決めます。人は自然に合わせるだけ。だけども、それだって、しっかりしたノウハウが必要です」

　李さんの凛とした言葉が心に残った。積み重ねた経験とノウハウ、気の遠くなるような手間ひま、匠の心意気が揃った台湾茶だからこそ、間違いなくおいしいのだ。

李麗芳さんの支えてきた茶業は、着実に次の世代に引き継がれていきつつある。

Homemade Recipes

「神農生活」を
食卓に取り入れる

→ P. 026　**蘿蔔乾** を使って

干し大根のクリームチーズあえ

台湾ではスープや卵焼きの具として使うことが多い干し大根を、
おからとクリームチーズとあわせ、
おつまみのように仕上げました。
ディップとしてバゲットと食べるのもおすすめです。

材料　2人分

蘿蔔乾 ……………………………… 50g
干し椎茸 …………………………… 10g

A おから …………………………… 50g
　 豆乳 …………………………… 大さじ2
　 クリームチーズ ………………… 30g
　 きび糖 ……………… 小さじ2と1/2

オリーブオイル …………………… 小さじ1
ブラックペッパー ………………………… 適量

つくり方

1〉 蘿蔔乾は水で10分戻す。干し椎茸はぬるま湯で30分戻しておく。
2〉 戻しおわった蘿蔔乾、椎茸を粗目のみじん切りにする
3〉 **2**に、**A**をすべて混ぜあわせて完成。
4〉 お皿に盛る際に、オリーブオイル、ブラックペッパーをかける。

→ P.032　蒸肉粉を使って

蒸肉粉のサラダ

台湾料理では、肉や魚の蒸し料理で使われている蒸肉粉が
サラダに変身。原料である米を軽く煮ることで
ふっくらとさせ、食感を楽しめるひと皿に。
黒酢ドレッシングでさっぱりといただけます。

材料　2人分

蒸肉粉 …………………………………… 50g
塩 ……………………………………… 小さじ1/2
水 ……………………………………… 3/4 カップ
アボカド ………………………………… 1/4 個
ミニトマト ……………………………………… 4個
ケール ………………………………………… 2枚

ドレッシング

黒酢 ……………………………………… 小さじ2
醤油 …………………………………… 小さじ1/2
きび糖 ……………………………………… 小さじ3
ごま油 ……………………………………… 小さじ1

つくり方

1. フライパンに蒸肉粉、塩、水を入れ、水分がなくなるまで弱火で煮る。
   粗熱がとれたら、冷蔵庫で冷やしておく。
2. ドレッシングの材料をあわせておく。
3. アボカド、ミニトマトは小さめの乱切りに、ケールは食べやすい大きさに
   カットしておく。
4. すべてを混ぜ合わせ、盛り付けて完成。

→ P.036　小巻醬 を使って

ヤリイカとキャベツの醬炒め

ときに白ごはんのお供としてもいただく醬を炒め物に。
ヤリイカの旨味とニンニクオイルのコクが活きた、
メインにもぴったりのおかず。キャベツの水分をしっかり吸ってくれる
油揚げを使用するのがポイントです。

材料　2人分

小巻醬 ························ 約8〜10匹　　油揚げ ································ 1枚
醬のニンニクオイル ········· 大さじ4弱　　塩 ······························ 小さじ1/2
キャベツ ···························· 1/6個

つくり方

1▷ 中火にしたフライパンに、小巻醬、醬に含まれているニンニクオイルを
　　しっかり加える。

2▷ キャベツを2cmほどの粗めの千切りにしたものと、塩を加え炒める。

3▷ 3分ほどなじませながら炒めたら、細切りにした油揚げを加えさらに炒める
　　（醬油の香りを留まらせるため、中火のまま炒めるとよい）。

4▷ キャベツが半分ほどしんなりしたら完成。

→ P.050　**乾伴麺** (蒜香辣麺) を使って

豆乳スープ麺

本来は汁なし麺ですが、もうひとつの楽しみ方として
スープを絡ませる食べ方を提案します。
ピリッとした辛さは、豆乳と香醋を使ってマイルドに。
とろみも加わり、まるで鹹豆漿のような味わいが楽しめます。

材料　1人分

蒜香辣麺 ‥‥‥‥‥‥‥‥‥‥‥‥‥‥ 1袋	紹興酒 ‥‥‥‥‥‥‥‥‥‥‥‥‥‥ 小さじ 1/2
豚ロース ‥‥‥‥‥‥‥‥‥‥‥‥‥ 60g	片栗粉 ‥‥‥‥‥‥‥‥‥‥‥‥‥‥ 小さじ 1
豆乳 ‥‥‥‥‥‥‥‥‥‥‥‥‥‥ 250ml	香酢 ＊黒酢でも代用可 ‥‥‥‥‥‥‥‥ 大さじ 1
油葱酥 ＊フライドオニオンでも代用可 ‥‥‥ 20g	白髪ねぎ ‥‥‥‥‥‥‥‥‥‥‥‥‥‥‥ 少々

つくり方

1 ▷ 豚ロースを1cm幅にスライスし、紹興酒、片栗粉をまぶす。

2 ▷ 鍋にお湯をはり、豚肉を茹でる。

3 ▷ 豚肉に火が通ったら取り出し、同じ鍋で麺を5分ゆでる。

4 ▷ 豆乳に油葱酥を半分加え、電子レンジで温める（500wで2分）。

5 ▷ 商品に備え付けの調味料を器に入れ、茹で上がった麺を合わせる。
　　さらに香醋を加えよく混ぜる。

6 ▷ **5**に**4**を加えたら、豚肉、白髪ねぎ、残りの油葱酥を添え完成。

第 **3** 章

神農生活が
提案する
食とデザイン

台湾家庭料理の専門店「食習」では、
台湾の家庭の味を、暖かさと懐かしさ、
さらに新しさを感じられるようなスタイルを提案。

あなたと商品をつなぐ店頭のポスターや
商品パッケージは、
「食」があなたの暮らしを作る基本であり、
また、より身近に感じてもらえるもので
あるように、と願うのです。

懐かしくも確かな味が
明日の暮らしを支える

「食習」は台北にある誠品生活南西店の4階にあります。神農生活の2店舗目に併設された台湾家庭料理の専門店です。お買い物に疲れたら隣でひと休み、台湾のどんな家庭にもある料理を気軽に味わう——そんな場所として2018年にスタートしました。

　まだ食習ができる前、台湾の至る所で、カフェや日本食レストランが増えていました。そんな最中に神農生活が提案したのは、世の中の流れとはちょっと違い、台湾のものこそを大切に考える、新しい方向性でした。

「食習」で提供するメニューは、少し前の台湾家庭なら、どこでも見られたものばかり。どこの家庭にもあった"うちごはん"の定番ともいえるそのメニューは、台湾人ならきっと誰もが懐かしく感じるものです。

　たとえば、旧正月など特別な日のご馳走として出される「佛跳牆」（P.096-097）。あまりのおいしさに、仏僧までもが跳び上がったという伝説から名のついた「ぶっ跳びスープ」は、貝柱をはじめとした高級食材が用いられています。近ごろでは、若者たちが料理をしなくなったことで、どの家庭でも、とはいかなくなりましたが、昔は各家庭で作られ、今もなお、愛される台湾ならではの大事な定番のひと皿です。

　また、子どもの頃、友達の家に行くと「ご飯食べてけば？」なんて言われて出された獅子頭、あるいはまるごとの魚。進学や仕事のために地方から台北に出てきた人たちにとって、故郷に帰った時のような郷愁の念を誘われる味をご用意しています。

　そうして、うちに帰ってきたかのような、ほっとする味をお届けしているうちに、

さまざまな層のお客様がいらっしゃるようになりました。

　お料理は、提供しやすい定食スタイル。肉や魚のメイン料理に加えて、ご飯と副菜、汁物にフルーツがついて、お値段300〜350台湾ドルという価格帯。ちょっと贅沢？でも、そんなちょっとした贅沢があるからこそ、また1日を頑張ろう、という気持ちになるのではないでしょうか。会社帰り、あるいはランチに休憩にと、さまざまなシーンでご利用いただけます。

　メニューは神農生活オリジナルとして、長年、レストランを手がけた料理人と一緒に開発しています。季節の食材、地方の名物を取り入れながら、外省料理（＊1）、客家料理（＊2）まで幅広く、さまざまなメニューの台湾料理として結実させています。

　食は文化なり——台湾の暖かな家庭料理の味を、どうぞ心ゆくまでご堪能ください。

上段左／台湾ではお客さんが好きにチョイスするのが基本だが、食習では日本式の定食スタイルで提供している。中／食習の料理長を務めるのは、料理人の父の下で8年間修業を重ねた陳冠廷。右／お客様の注文が来てから、作り始める。下段左／盛り付けや彩りにも、しっかりと心を配る。右／話し合いを経て料理人が試作したメニューを、神農生活CEO范姜群季がひとつひとつチェックする。

*1：戦後、中国大陸から台湾に移住した外省人がもたらした料理。*2：台北近郊や南部の高雄に住む客家人と呼ばれる人たちの郷土料理。乾物や保存のきく漬物などをよく使う。

「頑張った自分に、今日はご褒美」

薏仁蔬果佛跳牆

イーレンシューグオフォーティアオチアン

〈 はと麦入り野菜のぶっ飛びスープ 〉

肉や魚を食べない人が多い台湾。
そういった人向けの野菜スープ。
具だくさんで野菜の旨味がたっぷ
り詰まっている。

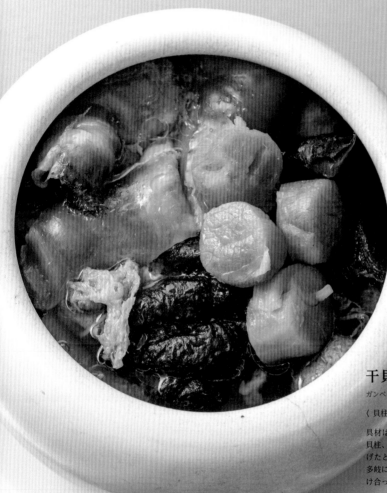

干貝佛跳牆

ガンベイフォーティアオチアン

〈 貝柱のぶっ飛びスープ 〉

具材は、スペアリブ、干し椎茸、
貝柱、うずらの卵、タロイモ、揚
げたとき卵、イカ、ナマコなど、
多岐にわたる。これらが複雑に溶
け合って、最高の旨味を引き出す。

台式三鮮炒（海蔘、魚翅頭、里肌）

タイシーサンシエンチャオ
（ハイシェン、ユーチートウ、リージー）

〈 台湾式三種炒め（ナマコ、フカヒレ、豚ヒレ）〉

新鮮な豚肉と海鮮の三種炒め。海鮮のプリプリした
食感がアクセントになった醤油ベースのひと皿。

牛肉老油條

ニューロウラオヨウティアオ

〈 酸っぱ辛い牛肉と油條の炒め物 〉

油でサックリ揚げた油條と牛肉に、生の唐辛子を加
えて炒めたパンチのあるメニュー。

紅燒豆瓣魚

ホンシャオドウバンユー

〈 煮込み魚の豆腐あんかけ 〉

一尾丸ごと揚げた魚に、サイコロ
状に切った豆腐と豆板醤のソース
をかけたひと皿。

「これ、うちの親の得意料理」

宜蘭西魯獅子頭

イーランシールーシーズートウ

〈 宜蘭西魯の肉団子 〉

台湾東北部にある宜蘭の名物メニューをアレンジ。
肉団子を醤油ベースのスープで煮込んだ一品で、ス
ープも残さずペロリといただける。

鐵路雞卷 ティエルージージュエン

〈 湯葉巻きフライ 〉

メニュー名に「鶏」がついているが、使われているのは豚肉。湯葉のパリパリ食感と絶妙にマッチ。

辦桌菜肉丸子 バンジュオツァイロウワンズー

〈 宴会料理風揚げ団子 〉

外はパリッと、中はジューシーな肉団子。やさしい塩味なので、お好みでソースをつけても。

客家乾炒蘿蔔糕

コージャーガンチャオルオボーガオ

〈 客家風大根もち炒め 〉

大根もちを使って客家の炒めもの料理をアレンジ。ピリ辛のガーリック味にビールが進む。

酥炸腐乳雞塊

スージャーフールージークワイ

〈 腐乳のチキン揚げ 〉

発酵調味料の腐乳で味付けした鶏のから揚げ。腐乳独特の深い味にハシが止まらない。

老實人雞蛋糕

ラオシーレンジーダンガオ

〈 まじめなベビーカステラ 〉

大人にも子どもにも愛される台湾の焼き菓子。生ク
リームとドライパイナップルを添えて。

「ひと口であの瞬間を想い出す」

(右)
玫瑰洛神氣泡

メイグイルオシェンチーパオ

〈 バラとローゼルのソーダ 〉

砂糖漬けにしたローゼルの、ほんのりした酸味が爽
やかなソーダ水。

(左)
寶島鳳梨氣泡

バオダオフォンリーチーパオ

〈 宝島のパイナップルソーダ 〉

パイナップルの甘ずっぱさが効いたソーダ水。飲む
前にしっかり混ぜるのが吉。

「神農生活」ブランドのベースには、どんな発想があるのか——
普段の暮らしのなかから生まれたブランドのあり方について、
4つの切り口からまとめてみました。

1.

暮らしの基本を整える——

Poster: ポスターに見る神農生活の考え方

満足のゆく
食卓を考える

「台湾の稲の香の味する　　「うちで手軽に作って食
ひと碗をどうぞ」　　　　　べる安心」

　2013年、わたしたちは「神農市場」という名前でスタートしました。スーパーやコンビニにネットにと、たくさんのものを買う場所がありますが、わたしたちの最大の商売敵は、今の人たちがうちでご飯を作らない生活習慣にあると考えています。台湾には古くから「開門七件事」といって、薪、米、油、塩、醤油、酢、茶を暮らしの基礎となる7品だとする考え方がありました。ただ、仕事に育児に忙しい現代人が、昔と同じやり方はできません。現代の食卓から買い物のあり方を定義し直し、お客様の暮らしを支えていく、それがわたしたちの基本姿勢です。

　食卓といっても、一緒に暮らす家族のいる食卓だけを考えるのではありません。どんな食卓も暮らす人を幸せにするためにあるはず。1日3度の食事を負担で億劫なものにするのではなく、シンプルでささやかな満足が得られるものにしたい——そんな考えから、その日の気分にあわせて選べるような素材を取り揃えています。

　とりわけ充実させているのは、各種調味料です。台湾では、調味の際の香りを大切にします。油蔥酥やスープの素、ソースはきっと毎日の味を豊かなものにしてくれます。毎日食べるお米も、生産者が違うと、味が変わる。これまでは大きな袋売りでしかなかったけれど、小分けにしたのは、その日にあわせて楽しんでほしいから。

　食材が安心安全なことは基本のき。皆さんに代わって厳選し、感動できるものだけをお届けする。それがわたしたちの役割です。

2.

市場から生活へ広がる
神農スタイル――

暮らしの
スタイルを考える

Poster:

「地方に行くと島の味に
気づく」

「暮らしには、鍋敷、竹か
ご、ジョウロ、それにエ
プロンが外せない」

　買い物ひとつにもスタイルを意識する時代にあって、店づくりにもスタイルが求め
られます。お客様の買い物を心地よいものにするのは、まずは空間からです。神農生
活の店舗での大きなポイントは、商品棚。上に置かれた品物が見えない高さに商品を
置く店がよくありますが、神農生活ではイタリアから特別に輸入した棚を用いて、目
線を越えない棚づくりを目指しました。商品の包装も同様です。過度な包装をせず、
あくまでもシンプルに。商品ポップや広告も必要最低限のみ。棚をきちんと整えるこ
とで、お客様にはゆったりとした気持ちでめぐっていただく。そして、お客様にとっ
て神農生活でのお買い物を忘れがたい特別な体験にしていただきたいと考えています。
「神農市場」から「神農生活」へとブランドを展開したのは2018年のこと。キッチン
だけでなく、リビングやベランダなど、暮らし全般へと視野を広げ、「食と雑貨」を軸
にした形です。「市場」だった頃の出発点は台所でした。その主人公といえばお母さん
でしたから、どちらかというと女性よりのラインナップでしたが、「生活」へと変わっ
た今、男女問わないユニセックスなものへとシフトしています。
　暮らしのスタイルというと、今はシンプルやミニマムが流行りですが、神農生活は
移り変わりの激しい流行を追いかけるのではなく、昔からある道具たちを選びます。
古くからあって今へ伝わる普遍的な道具を揃えながら、足下の文化を見つめ、個人の
スタイルをつくり上げていくのが、暮らすことそのものだと考えています。

3.

本質から出発し、
地方と都市を結ぶ架け橋に——

大地から考える

「種を播く人にも夢がある」

「各地を探して島の味を見つける」

「神農」とは古来中国で生まれた大地の神のこと。人々に必要な薬草を求めて各地を歩いた伝説の神同様、神農生活も、台湾という島にある素晴らしい食材や愛される道具などの「よいもの」を、常に探し回っています。

手間ひまのかかるものは、どんどん失われる世の中です。たとえば **P. 124** で紹介する竹かごは、手編み。機械化や工業化とは無縁で、神農生活の発注した分だけ手づくりされています。わたしたちが大事にしたいのは、大量生産とは真逆の、手仕事のある道具たちであり、普遍的で本質なものにしかない美しさなのです。

道具だけではありません。台湾は日本と同じく、四方を海に囲まれ、海と大地の恵み豊かな島です。海の幸、山の幸はもちろんのこと、日本ではあまり見られない多種多彩なフルーツだってあります。こうした台湾の品々を知るには、伝統的な市場に行くのがいちばんです。市場に行けば、必ずやインスピレーションやアイデアが浮かんでくる。それをもとに、自身で脚本を書いてみるのです。お客様が感動するような脚本を。

そこに、言葉は必要ありません。沖縄の海の美しさは、そのまま見せればいい。ありのままで十分に伝わるものがあります。神農生活のプライベートブランド商品に過剰なコピーやデザインがないのも、そんな理由です。

今の店舗は2つ。店を拡大することは目標にありません。小さいには小さいなりのよさがあるのです。

4.

文化がスタイルをつくり、
スタイルが暮らしをつくる──

世界に向けて
考える

Poster:

「農のある暮らし」

「台湾の暮らしを神農生
活で」

　神農生活は、単なる商品を売り買いする場所ではなく、暮らしの素晴らしさを伝える情報基地として、台湾でさまざまな取り組みを続けてきました。オープンから6年を経た2019年、近鉄百貨店の秋田拓士社長からのオファーを受け、神農生活は台湾の外へ出てみることにしました。2021年、大阪に3つめのショップができます。

　日本と台湾には、共通する課題がいくつもあります。農業再生、地方創生、後継者問題……台湾では今、進学や就職で都市部に出た若者がUターンして地元に戻る動きがあります。その中でも神農生活が重視しているのは、農業。暮らしの基礎をなす農業は、環境を学ぶ一面だけでなく、生活の出発点でもあります。以前は、農業というと厳しい労働の側面だけがフォーカスされていましたが、暮らしの基盤となる農業を支えることは、"もっとかっこいいもの"とされる生き方であり、スタイルだと見直されるものだと考えています。

　暮らしのスタイルという意味では、働き方もそのひとつ。台湾では圧倒的に中小企業が多いだけでなく、個人や家族という小さな単位でものづくりに取り組んでいる人がたくさんいます。神農生活の提携先も、個人経営や家族経営の職人さんが多数。量産はできないけれど、誠実にものづくりに励んでいる人たちばかり。そのプロダクトを、神農生活が窓口となって広めていきたいと考えています。

　神農生活では、こうしたスタイルが根づき、誰かの暮らしづくりにつながるよう、さまざまな取り組みを行って行きます。

神農生活が手がける商品は、各界から高評価を
受けています。ここでは汁なし麺（**P. 050**）に
対するこだわりを一例としてご紹介します。

乾拌麺 ガンバンミエン

〈 汁なし麺 〉

蒜香辣籽 スワンシアンラーズー

〈 ガーリックスパイス麺 〉

擔擔麺 ダンダンミエン

〈 坦々麺 〉

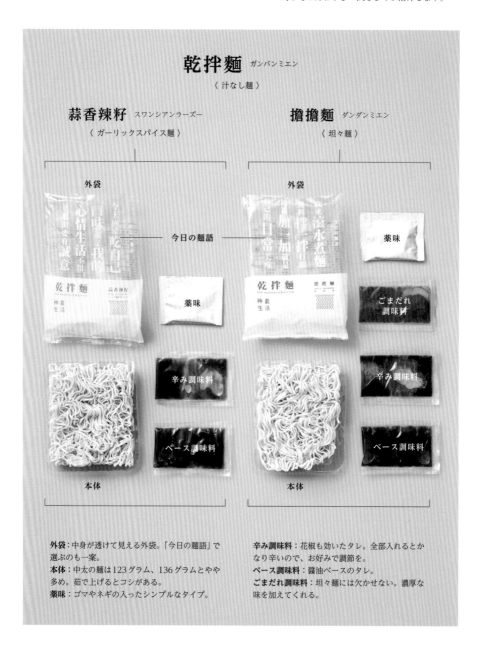

外袋

今日の麺語

薬味

薬味

ごまだれ
調味料

辛み調味料

辛み調味料

ベース調味料

ベース調味料

本体

本体

外袋：中身が透けて見える外袋。「今日の麺語」で
選ぶのも一案。
本体：中太の麺は123グラム、136グラムとやや
多め。茹で上げるとコシがある。
薬味：ゴマやネギの入ったシンプルなタイプ。

辛み調味料：花椒も効いたタレ。全部入れるとか
なり辛いので、お好みで調節を。
ベース調味料：醤油ベースのタレ。
ごまだれ調味料：坦々麺には欠かせない。濃厚な
味を加えてくれる。

今日の麺語

蒜香辣籽

その日の気分でごはんを作ろう。
見栄えなんかより、
地に足つけて暮らしたい。

今天回家吃自己　口味就是我的心情
生活不用華麗　但要有誠意

擔擔麺

お湯を沸かして麺を茹でて
タレと和え、冷蔵庫にあるものを
加えたら、いつもの味。

我來滾水煮麺　醬料拌一拌
打開冰箱加一加　就是自己的日常美味

インスタントの袋麺というと、日本では汁麺がほとんど。近ごろは名古屋から火のついた「台湾まぜそば」なるメニューが人気ですが、台湾で汁なし麺といえば定番の鉄板メニュー。屋台では、汁麺か汁なし麺かを選べるお店も少なくありません。汁麺が前提の日本のインスタント袋麺とは少し事情が違っていました。

というのも、台湾の汁なし麺界隈では、各社こぞって有名人が広告塔を務める汁なし麺を販売するちょっとしたブームが起きていました。人気者を担ぎ出し、大いに宣伝を繰り広げます。毎日気軽に作れるのが魅力だった汁なし麺は、原価に広告制作費が反映された価格になり、ちょっとハードルの高い麺になっていました。

そこで神農生活では「名もなき汁なし麺」を作ることに決めたのです。汁なし麺本来の役割を取り戻すために。

デザインにあたって追求したのは、あくまでもシンプルであること。中身の見える透明な袋は、本質のみを伝えたいと考えたからでした。そして長年、定評のある生産者とタッグを組み、神農生活ブランドの汁なし麺が生まれました。

仕事に疲れて帰っても、茹で上がったら即ごはんにできる、冷蔵庫にあるものを適当に加えれば十分なうちごはんになる——袋の表面にコンセプトを示した「今日の麺語」を加え、裏面には、イラスト付きで「麺を茹でるコツ」を紹介しています。そしてその最後には、こんな一文を添えました。「麺に合った映画を選んだら、火の元確認もお忘れなく」。映画や動画を見ながらリラックスして食べていただきたい、神農生活の思いが込められています。

訥々と丁寧に語る張基義氏。ファッションカラーは
常に黒で統一。

Special Interview

台湾デザイン研究院
院長に聞く

台湾では政府をあげて台湾のデザイン力の
発展に力を入れており、国際アワード
「ゴールデン・ピン（金點設計獎）」を
通じた内外の交流も活発だ。
そんな台湾のデザイン界でも
注目されている神農生活の取り組み。
2020年に台湾デザインセンターから
組織が格上げされた
台湾デザイン研究院の院長、張基義氏に
神農生活の日本進出をどう見ているか、
お話を伺った。

Q. まずは、最近20年ほどの台湾デザイ
ン界の動きをご紹介ください。
A. 台湾がデザイン産業の活性化のため、
専門の組織を立ち上げたのは2003年で
した。その後2011年に現在の場所に移転
し、新たに台湾デザインセンターを設け
ました。同じ年、台北で開かれたのが
The 2011 International Design Alliance
Congress です。グラフィック、工業、イ
ンテリアの3つの世界的なデザイン会議
を開催し、世界34か国、1,200人以上の
デザイナーが参加しました。

この成功を受けて、2016年に開催した
のが World Design Capital 2016 Taipei で
す。2008年にイタリアで始まった国際的
なデザインイベントで、台北が主催の大
役を担いました。この際、デザイン団体、
教育関連組織、NPOが一緒になって考
え、前進する成果を得ました。
Q. 近年では、ソーシャルデザインの取
り組みが増えているそうですね。
A. 台湾でソーシャルデザインへ力を入
れるきっかけになったのが、2016年の
WDCの実施でした。以来、市民が参加

し、行政組織との協働を通じて、企業を変え、業界を変え、社会を変える実践を重ねてきました。デザインを通じて、もっと多角的な視野から台湾という社会を見つめ、政府の政策をも変えられる、と実感をもって受け止められたわけです。

デザイン産業への貢献が認められた結果、台湾デザインセンターは2020年2月に「台湾デザイン研究院」と組織上の格上げが発表されました。現在、当研究院では企業、公共、社会の3項目に力を注いでいます。

ソーシャルデザインの事例として、台湾の街角で身障者や生活弱者の方が売るガムのパッケージデザインを、台湾の著名デザイナー・聶永真（アーロン・ニェ）氏が刷新したのが好例です。街角でガムなんて買ったことがなかった人も、彼が手がけたガムだからと買いに走るようになった。言ってみれば、デザインによって本来の意味を取り戻したわけです。

Q. 今回、神農生活の日本進出をどのように受け止められていますか。

A. 今、台湾では、農業は大きな社会的課題です。台湾の生産者の大半は小規模農家に過ぎません。そういった人たちの生産した品々を届けていくには、これまでの流通チャネルだけでなく、品物のバックグラウンドも含めて伝えるような、領域を越えたプラットフォームが必要です。

そこで、神農生活が地方と都市の間をつなぐ役割を果たしていることは大きな意義をもっています。とりわけ、神農生

写真提供：財団法人台湾デザイン研究院

台湾のデザインが一堂に会する、台北松山文創パークにあるデザイン研究院のアンテナショップ。

活は、台湾の伝統的な飲食文化の保持につながる商品群を大事にしていますから、昔ながらの暮らしを継承ながらも、新たな未来の可能性を広げていく一助となると期待しています。

同時に、台湾では、日本ブランドが林立している状況です。日本へ進出した台湾ブランドというと鼎泰豐、春水堂などがありますが、神農生活と共通しているのは、デザイン的な美しさを切り口にしている点です。これらは台湾のデザイン力を証明するものだと受け止めています。

ご存じの通り、台湾は国連に加盟していません。デザインを通じて人をつなぎ、仲間をつくり、世界中の人たちと協力関係を築いている。神農生活の日本進出によって、また新たな扉を開くものと大いに期待しています。

張基義 ジャン ジーイー

台湾台東県池上出身。淡江大学卒業後、渡米。1994年にハーバード大学で設計の修士号を取得して帰台。台東県副県長、文化処処長、交通大学建築研究所所長などを歴任。2020年から台湾デザイン研究院院長を務める。

—— 第 **4** 章 ——

台湾の手仕事を
暮らしに

時間や手間を惜しみなくかけて作られたものは大切です。
同時に、現代の暮らしにもふさわしくあらなければなりません。
そうして神農生活の哲学のもと選びぬいたアイテムが、
あなたのスタイルを形づくります。

台湾の手間ひま

竹かごや鉄のハサミなど、職人の丁寧な仕事ぶりや、
あたたかみを感じられる生活雑貨。

神農スタイルを楽しむ

エプロンやビールグラスなど神農生活のエッセンスを加えた、
現代のライフスタイルにすっとなじむアイテム。

▶商品ページ記載の「Local」「Essential」「Seasonal」「Suitable」は、
P. 016–017でご紹介している「神農生活が大切にする4つの原則」です。
各商品の特徴にあわせてチェックを入れています。

普段づかいの器にも
台湾の水と土の匂い、そして物語を

—— **宜蘭碗** 〈宜蘭産の碗〉
イーランワン

　台北から東北の方角へ車で1時間ほど走ると、宜蘭の街に到着します。宜蘭は後ろにふたつの山脈、面前に太平洋を控え、三角形をした蘭陽平原が広がる自然豊かな土地柄。台湾に漢族が来るずっと前、台湾原住民族のクバラン族が暮らしていた場所でもあります。

　この平原の中央部に走る蘭陽渓で採れる黒粘土を加えて作られたのが宜蘭碗。ほんのりした灰色は、白瓷（はくじ）とも青瓷（せいじ）とも違う趣ある風格を醸し出しています。

　この碗の製作を手がけるのは、台湾だけでなく世界から収集した2万点ものお碗やお皿を保管する宜蘭の台湾碗盤博物館。熟練の職人が手びねりでつくる碗の表面には、平安順興の四文字が記されています。これは、清朝の頃にできた噶瑪蘭城（ガーマーランチョン）の城門に描かれていた文字から縁起のよいものを取り出し、使う人の好調と平穏を願う思いが込められています。文字も手書き。一見、何の変哲もないように見える碗も、目利きと職人のこだわり抜いた共同作業によって、台湾の宜蘭という土地特有の素材と物語が込められているのです。

　台湾では碗ひとつにご飯もおかずも載せて食べるのが一般的ですが、小ぶりの碗をご飯茶碗、大きめの碗を丼や汁物など、使い分けるのもまた一案です。

メーカー	宜蘭碗盤博物館
産地	台湾・宜蘭
サイズ	（直径×高さ）
	大：12.2 × 6cm
	小：10 × 5cm
台湾価格	大：250元
	小：190元

☑ Local
☐ Essential
☐ Seasonal
☑ Suitable

使い込まれてきた器が見せる
豊かな文化

—— 燉盅 〈 蓋付き壺型陶器 〉

ドゥンジョン

家庭に電気が普及する前、調理には専ら火が使われていました。電化製品やIHコンロの登場で、ガスの使用も減っています。調理に必要な設備や器具の変化は、使われる器もまた変化を伴いますが、火が調理の主だった頃から、燉盅は重宝されていました。

陶製の燉盅は、「蒸す」という調理法において、ゆっくりと中身を温めるのに適し、保温にも優れています。たとえば、あまりの美味しさに僧が跳び上がったことでその名のついた佛跳牆（P. 096-097参照）。あの高級スープの容器も、ずんぐりした壺型の陶器です。これも食材の栄養を器の外に逃さないようにする工夫です。

燉盅は、台湾では一般に、大きなものは丸鶏肉を調理する家庭用、小ぶりのものはレストランでのひとり用として使われています。そのほか燉盅をよく見かけるのが、漢方薬局。薬草を調合するカウンターの後ろに燉盅がずらりと並んでいます。これは「粘り気のある薬草の保管に最適」なのだそう。調味料や作り置きを入れるのにも便利で、中にはコーヒー豆の容器にする人も。蓋付きなのもまた、使い道が広がる理由です。

長年使われてきた器には、多様な知恵の蓄積が。場所が変わっても、新たな文化を築く器になるはずです。

メーカー	桔祥有限公司
産地	台湾・台北
サイズ	（直径×高さ）
	大：15.7 × 9cm
	中：12.2 × 7.6cm
	小：10.5 × 6.8cm（P. 115）
台湾価格	大：190元
	中：145元
	小：100元

☑ Local
☐ Essential
☐ Seasonal
☑ Suitable

昔からの漢方処方が現代にもたらす
安心と効能

—— 驅蚊包 〈 蚊除け袋 〉
チューウェンバオ

日本の蚊除けというと蚊取り線香や蚊取りマットが代表的な存在です。台湾には昔から人の身体に負担のない天然素材を使った方法がありました。漢方薬による虫除けです。

この蚊除け袋は、台湾中部・新竹市で100年前から営まれている鴻安堂という名の漢方薬局が売り出したもの。昔から伝わる薬材の調合方法を用いて、現代の人にも手軽に利用できる商品を生み出しました。漢方薬に使われる薬草を調合して作られています。

中に入っているのは、セキショウ（石菖蒲）、チョウジ（丁香）、ヨモギ（艾葉）、シソ（紫蘇）、ビャクシ（白芷）、キンギンカ（金銀花）、カッコウ（藿香）、ハッカ（薄荷）の8種の薬草です。自然素材ですから、安心かつ安全なのもうれしいところ。

利用方法は至って簡単。室内にそのまま置くだけでOK。ただし、通気のよすぎる場所は効能が薄まるのでおすすめできません。また「蚊」と銘打ってはいますが、クローゼットや本棚などの密閉空間の虫除けにも、効き目は抜群です。

香りが薄まったら、天日干しすれば香りが蘇り、3〜4か月ご利用いただけます。

メーカー	鴻安堂
産地	台湾・新竹
サイズ	縦22×横14cm
台湾価格	100元

- ☑ Local
- ☐ Essential
- ☐ Seasonal
- ☑ Suitable

生産者取材 → P. 118

産地へ向かう ⑤ 驅蚊包

新竹 北門

シンジュー　ペイメン

今の暮らしに生かすべく
5代目が受け継ぐ老舗の調合

　台湾で「百年老店」といわれる店の創業年を確認すると、正確には100年経ってない、ということがよくある。年数はともかく、老舗という程度の意味らしい。だが、台湾中部・新竹市にある「鴻安堂」は、2020年にぴったり創業100年を迎えた真の老舗であり真の「百年老店」である。

　鴻安堂は漢方薬局だ。台鉄新竹駅から歩いて10分ほどで、長和宮という清朝時代にできた廟の向かいにある。今は5代目の謝傑然さんと謝坤育さん兄弟と、その父で4代目の謝偉業さんの親子2代で店を切り盛りする。

　店に到着してすぐ、弟の坤育さんに連れられて、廟へ向かった。
「この長和宮は、海の神、媽祖を祀っている廟です。廟には『薬籤』と呼ばれるお御籤があって、引いた籤の番号をもって漢方薬局に行く、というのが昔の人たちの朝の習慣だったんです」

　だから、店の開店時間は早かった。今も媽祖の信仰者が参拝の帰りに店に立ち寄る。
「昔の漢方薬局の仕事は、本当に大変だったんです。というのも、ひとつの店舗に置かれている薬草は300〜400ほどもあります。原料が手に入ると、状態を確認し、汚れていたら洗い、切り揃えた上で、日に当てて乾燥させる。すべての品質管理が必須でした。台湾の高温多湿な気候では、それが非常に難しい。日干しの際には、店の奥のスペースだけでは足りなくて、向かいの廟の前まで広げたほどです。それもあって父は、私たちに後を継ぐより外で働くことを勧めていました」

　いったん外部に就職した2人が会社を辞め、店を継いだのは5年前のこと。

「やっぱり店を残したいと思ったんです。ただ父の時代と違って、今はすぐに使える状態で薬草が手に入るので、随分と楽になりましたね」

　とはいえ、大きな問題が立ちはだかる。それは「古くからあるものを、いかに現代の暮らしに取り入れるか」という、いわばすべての漢方薬局が抱える課題だ。２人が店に立ち、第一歩として手がけたのが蚊除け袋である。坤育さんが言う。

「祖父の時代は夜遅くまで店を開けていました。店の奥でよく書き物をしていたんです。すると、どこからともなく蚊がやってくる。それで蚊の嫌がる薬草を机の上に置いていました。ある夏、団体購入向けの蚊除け袋の準備を終えて店を出ようとしたら、扉の向こうに一群の蚊がいたことがあります。今思い出しても鳥肌立ちますよ」

　薬草に蚊を殺すほどの強さはない。だが、それは同時に人の身体にも負荷をかけな

P. 120 左上／5代目の謝傑然さんと謝坤育さん兄弟。右上／神農生活の「蚊除け袋」を調合する。1人4種の薬草を担当し、中央で合わせて袋にまとめる。左下／謝兄弟の曽祖父・謝森鴻さんが手書きで残した薬御籤の処方箋。文学や書道に造詣が深かったとあって達筆。右下／廟に今もある薬御籤。使い込まれた飴色。**P. 121**／廟との距離は道1本隔てただけ。並びの建物は、30年ほど前に火事に見舞われた。幸い全焼は免れたが、焼け跡は今も残る。

いことを意味する。世の中には、蚊を殺せてしまうほどの蚊除けもあるけれど、身体への影響はあまり気にされることがない。

「湿気さえ避けていただければ、3〜4か月は香りが保ちます。お客様の中には、除湿機の上に置かれている方もいます。反対に、屋外や通気性の高い場所では効果が見込めません。あ、キャンプ時のテント内なら大丈夫ですよ」

　台湾でもあまり知られていないのは、漢方薬局にはコショウやシナモンといった日常的なスパイスが売られていること。傑然さんが言う。「新鮮な白コショウは少し黄色がかっているんです。白じゃないんですよ」。百年もの長きにわたり、脈々と受け継がれてきた英知がまた、次の時代に向かおうとしている。確かな礎と方向性は、きっと新たな時代を切り開くはずだ。

手仕事の鉄バサミが伝える
切れ味と暮らしの知恵

—— **手工剪刀**〈 鉄製の手作りバサミ 〉

ショウゴンジエンダオ

片手にすっぽりと収まりのよい大きさで、刃先まで鋭さを残す鉄製のハサミ。その鋭さがあることで、切りくずが出ることはありません。また細い刃ですから、細やかな切り込みは得意中の得意。たとえば、春節のお祝いに欠かせない紙飾りには、干支の動物や花模様などを繊細な切り込みで表現します。その紙飾りを作る時に欠かせない切れ味のよいハサミです。

大量生産、大量消費、大量廃棄の世の中で、手作りや修理しながら使う工夫は失われ、身の回りの日用品や道具は、時代の流れとともに機械化されてきました。今の台湾でも、こんなふうに手仕事の色濃くにじむ鉄製のハサミを作れる職人は少なくなりました。「王」の字の刻まれたこの鉄製のハサミは、すでに70代を迎えた職人さんが1本ずつ鉄を打って作るもの。先の尖ったハサミは「危ない」という理由で見かけなくなりましたが、この鋭さこそハサミの命。鉄製ですから、切れ味が悪くなったら、砥石でまた蘇らせることも。昔の人たちはこうしたハサミで爪も切っていたのです。

危ないからと道具のほうを変えるのではなく、その使い方を身につけるのが大切。この手仕事と暮らしの知恵をこそ、残していきたいと神農生活は考えます。

メーカー　緑兎子工作坊
産地　　　台湾・台南
サイズ　　縦14×横7cm
台湾価格　360元

☑ Local
☐ Essential
☐ Seasonal
☑ Suitable

李さん一家の手による
桂竹の丈夫な竹かご

—— **手工竹編籬籃** 〈 手編みの竹かご 〉

ショウゴンジュービエンルオラン

日本同様、亜熱帯に位置する台湾でも、竹はよく採れます。食材としてはもちろん、昔は日用品や農具入れなどにも竹製品が用いられていました。とりわけ、その竹の生育エリアに居住していたのが客家人です。

客家人が多く住むエリアのひとつとして知られる新竹で、竹製品を作り続ける親子がいます。昭和8年、伝統的な竹工芸の家に生まれてもうすぐ90歳になる李謙宏さんは、妻の彭月英さん、息子の李城誌さんと一緒に、今もなお毎日、竹仕事に勤しんでいます。

李さんたちの作る竹かごは、桂竹という日本の真竹に似た種類を原料としたもの。李さんの手でしっかりと編まれているため、造りがとても丈夫です。李さん一家の手仕事の素晴らしさを広く伝えたいと、神農生活ではオーダーメイドで暮らしになじみやすい、小さめのサイズを扱っています。けれども、小さなサイズほど、作る難易度が上がるのが竹かご。だから李さんが1日に編み上げるかごはふたつだけ。

作りたての竹かごは、まだ青く、若々しさを感じさせる色合いですが、ゆっくりとその色を穏やかな茶色へと変化させていきます。できるまでだけでなく、できてからも、時間を慈しむひと品です。

メーカー　李謙宏竹編工作室
産地　　　台湾・新竹
サイズ　　直径26×高さ33cm
台湾価格　1,000元

☑ Local
☐ Essential
☐ Seasonal
☑ Suitable

生産者取材 → P. 126

新竹 北埔

シンジュー　ベイプー

北埔

台北市

新竹縣

ビーフンのふるさとで職人技が残した竹細工

「なんだか、結婚式用の写真を撮ってる気分だ」

　竹やぶからの帰り道、カメラマンがつぶやいた。台湾には、新郎新婦の写真を撮り、披露宴の来賓に配る習慣がある。そんなロマンチックな雰囲気が、前をゆく老夫婦の背中に漂っていた。取材班の車を導くのは、切り出したばかりの竹を、もう何十年だかわからない間乗っているというKAWASAKIの改造バイクに載せた李謙宏さん、彭月英さん夫妻だ。

「僕は昭和8年生まれです。日本語は学校で勉強しました」と流暢な日本語で語る李さんは、もうすぐ90歳。13歳の時に竹製品をつくり始めて、75年という月日が過ぎた。

　夫妻の間には、9人の子どもがいる。その8番目になる息子の李城誌さんは40歳。以前は工場で管理のリーダーのポジションに就いていたが辞め、父の仕事を手伝うようになって7年が過ぎた。今では、すべての製品を作れる技術を身につけた。

　竹仕事で最も難易度が高いのは、切り出した竹の皮を剥ぐ工程だという。老眼鏡をかけた李さんは、長さ2メートル強、5センチ幅の竹をまず四つ割りにして1センチ幅にし、それをまた4分割、つまり1本2.5ミリ幅へと割いていく。手が休まる瞬間は、ほぼない。

「親父は休みませんからね。毎日働くんです。でもそうやって体も頭も動かすのはいいことだと思っています。私の仕事は、2人が元気でいてくれるよう、見守ることですね」

　そう言いながら、取材のその日、人も運べるくらいの、長さ2メートルほどのビーフンかけを何往復もしながら運び、黙って取引先へと向かった。

　竹やぶがあるのは、作業場から数十年もののバイクで10分ほどの場所。李さんによれば、「3年以上経ったものがいい竹」なのだという。持ち山にある竹やぶなのだが、時には注文をさばききれないほど竹が必要になることもある。そんな時は、近所から買い取る。

　ただ、竹製品が台湾の日常にふんだんにあった頃から考えると、手作りの竹製品を扱う稼業がずっと順調だったわけではない。続けられたのは、確かな技術があったからだ。

作業場には、シユルシュルと竹
の擦れる音、シュッと編んでい
るかごを回す音が等間隔で響く。

左上／李さんの道具たち。竹を4分割にするのは2種類。十字型の「竹碼」は前からあったが、コマの形の「分法」は後に加わった。右上／ちょうど半分ほどまで編み上げた神農生活向けのかご。左下／手袋は日本製。「台湾製はね、すぐに破れちゃう」。写真上の道具を使って、竹を均等に割っていく。右下／大小さまざまなかごは少しずつデザインが異なる。それも技術があればこそ。

　台湾では1970年代、それまで日常にあった竹製品が、次々と姿を消していった。竹に変わって登場したのはプラスチックである。加工しやすくて安価なプラスチック製品は、またたく間に竹に取って替わった。

　李さんたちが暮らす新竹は、台湾ではビーフンの名産で知られる土地柄だ。言葉を変えれば、台湾の暮らしに欠かせない主食を生み出す土地である。おいしいビーフンは、この土地にそそぐ日の光と、吹きつける季節風の力を得てできる。ビーフンを干すためのビーフンかけは、竹から生まれる。けれども、プラスチックの隆盛で、それまでの担い手がどんどん失われてしまった。

　李さんの仕事は確かだ──ある年、その噂を聞きつけたビーフン業者から、一気に500ものビーフンかけを注文された。「そんな量はできない」と断ったが、「200でいい」といわれて引き受けることにした。それが、傾きかけていた家業を救った。今では、竹でビーフンかけを編めるのは、台湾じゅう探しても、李さん一家だけだという。
「昔はね、このかごに子どもを入れて、川で洗濯してたんですよ」──淡いグリーンから深みを帯びた茶色へと変化したかごを指して、李さんが言った。あのビーフン業者がいなかったら、出会えなかったかもしれない手仕事の竹かごには、豊かなドラマが秘められていた。

左／ビーフンかけを運ぶ李さん。右／竹やぶに行く時は、必ず長靴に履き替える。少し耳の遠い李さんだが、彭さんの声はしっかりと届いている。

藺草編みの手仕事を
今に伝える涼やかな団扇

── **藺草扇**〈 い草の団扇 〉

リンツァオシャン

　日本語では「い草」と書くのが一般的ですが、これはイの字が常用漢字の表外字だから。すべて漢字書きだと「藺草」と書きます。

　藺草というと、日本で真っ先に思い浮かべるのは畳や座布団といった敷物です。これは、藺草の表面にある無数の気孔が、湿気の吸収に作用するから。また藺草は、除湿だけでなく防臭効果も抜群です。

　温度湿度ともに高く、暑さの厳しい台湾で、日常の道具として親しまれていたのが藺草でできた団扇でした。公園や廟の前など、藺草扇を片手に木陰で象棋を囲む姿を台湾でよく見かけます。軽くてしなやかな団扇は、時に白熱しがちな戦いの空気をも和らげ、落ち着かせる効果があるのかもしれません。

　古くから日用品の素材として活用されてきた藺草。なかでも台湾中部の苗栗は、藺草で編んだ帽子が、砂糖や米に次ぐ、台湾の五大産業として栄えた街でした。工業化に伴い徐々に衰退しましたが、かつての栄華を取り戻そうと、この団扇を作る苗栗の苑裡というエリアでは、編み方の継承活動が盛んに行われています。伝統工芸を次の世代へ──それはまた、手間ひまや手仕事を暮らしに取り戻す過程でもあることでしょう。

メーカー	振發帽蓆行
産地	台湾・苗栗
サイズ	縦43×横37.5cm
台湾価格	490元

☑ Local
☐ Essential
☐ Seasonal
☑ Suitable

手仕事のあるブリキのジョウロで
楽しむ日々の水やり

── 亞鉛澆花器 〈 ブリキ製ジョウロ 〉
ヤーチェンジアオホワチー

　神農生活で扱う暮らしの道具のうち、バケツ、チリ
トリ、ジョウロの3種類はブリキでできたもの。どれ
も大小揃えています。道具としては当たり前に暮らし
の中にあるものですが、今ではプラスチックなどの素
材に取って替わられた製品が主流かもしれません。

　ブリキには、プラスチックより優れている点がある
のをご存じでしょうか。

　答えは、火に強いこと、日焼けしないこと。残念な
がら濡れたままだとブリキは少々、分が悪いのですが、
しっかり乾かせば錆びることはありません。ベランダ
など屋外に置いても、へっちゃら。末長く使えます。
またこのブリキ製品は、台南で職人親子が手仕事半分、
機械仕事半分で作っています。創業から手がけている
のはバケツ。代表作品といってもいいでしょう。

　ジョウロは工程がほかよりも多く、少し複雑です。
とりわけ「ハス口」と呼ばれる水の出口に秘密の工夫
があります。手作業で内側に当たるほうから穴を開け
ているので、ほんの少し外側に突き出ています。「危な
い」なんて言わないで。それでこそ、ハス口が平面の
ものより遠くまで、滑らかに水が届くのですから。

　手仕事の残るジョウロで、楽しく水やりしませんか。

メーカー	蔡記五金行 - 隆興
産地	台湾・台南
サイズ	中：高さ16×横45cm (P. 135)
	小：高さ12×横39cm
台湾価格	各450元

- ☑ Local
- ☐ Essential
- ☐ Seasonal
- ☑ Suitable

生産者取材 → P. 136

産地へ向かう ⁊⟩ 亞鉛澆花器

台南 新美
ダイナン　シンメイ

136

台北市

新美

台南市

古都の路地で響きつづける
ブリキとハンダの二重奏

　台南には「円環」と呼ばれる円形の交差点が７つある。日本統治時代に設けられた交通の要所が今もなお残されている。そのうち西門円環と呼ばれる円環は、オランダ時代の建築で台南では必須の観光スポット「赤崁樓」があり、逆側に５分も歩けば雑誌『BRUTUS』の表紙で物議を醸したグルメ街「国華街」にたどり着く。

　ブリキ製品を、機械半分、手仕事半分で作る蔡東憲さんの工場がある場所は、バイクがやっと通れるほど細い通りで、昔ながらの生活用品を売る雑貨店や、小さな廟があるほかは、喧騒とはほどよく離れた路地だ。

「今日明日で100個納品しなきゃいけないんだ」という間の悪さで、取材にお邪魔した。「神農の人たちじゃなかったら、こんなふうに相手にしないぞ」と笑いながら、ぽつりぽつりと語ってくれた。

　オーダーメイドで作るブリキ製品のお客さんは、神農生活だけではない。コロナ前、遠くはフランス、そして日本からも直接注文に訪れる人がいた。

「日本のお客さんから頼まれたものです」といって蔡さんが取り出したのは、茶筒だった。音もなくわずかな力加減で、すっと開け閉めできるようにするには、上下の筒のサイズがちょうどよくなければならない。「これがまた難しくて」と笑った。

　路地に向けて開け広げられた作業場で、朝９時から夜10時頃まで働く。休みはほとんどない。10年ほど前までは仕事を終えると、ボーリング場に向かった時期もあったが、今はすっかり遠のいてしまった。

「作業を終えてから、頼まれたものをどうやって仕上げるか、設計の図面を描くのが楽しいんです」

　父について８歳からブリキ製造に触れていた蔡さんが、夜な夜な日めくりカレンダーの裏に製品の図面を引き、あれこれと試作するのを楽しむくらいだ。この仕事は、よほど性に合っているに違いない。

上／蔡さんの作業場全景。雑然としているようでいて、実はきちんと整理されている。左下／50年モノだという日本製のブリキ用のハサミを使って、するするっと切っていく。右下／円形に切り抜いたブリキを、専用の台に載せて緩やかなカーブに曲げる。トトトトン、トトトトンと路地にその音が響く。

　父の仕事を継いだのは、「長男だったからだ」と蔡さんは言った。台湾には「兄弟不合」といって、兄弟には別々の仕事をさせる考え方があるという。同業で何かとぶつかるのを避けるためらしい。父は、弟には別の仕事に就かせた。

　神農生活で扱っているバケツ、ジョウロ、チリトリは、その父の代から製作してきた商品だ。ただ、ジョウロの上側に持ち手を付けたのは、蔡さんになってからのこと。あれこれと試作するのも楽しんでいるようだ。

　ひとつひとつ、ゆっくり手に取ってみると、どの製品にも手仕事の跡が見える。ジョウロのハス口の緩やかなカーブ、チリトリの底のカーブ、茶筒のふた……ジョウロの通水の穴は手でひとつずつ開けていく。機械と違って、穴の位置は均等ではない。世界にふたつとないジョウロだ。

　お客さんとのお金のやり取りは奥さんに任せ、数年前からは娘さんが仕事を手伝い始めた。取材の日、娘さんは台湾1周の旅に出かけて留守だった。「4日間、いないんですよ」と言う。「でも、娘さんが手伝ってくれて、いいですね」というと、一瞬だけ真顔がよぎり、そしてふわっと笑みがこぼれた。なんとも、うれしそうな笑顔だった。蔡さんの作ったチリトリがあるなら、ホウキも手仕事のものに買い替えようかな、と思わせるに十分な時間だった。

左／茶筒はオーダーを受けて、自ら図面を引いた。いわば企業秘密だが、この図面、きっと蔡さんしか読み解けない。右／ハンダでブリキを結合させる際に飛び散る火の粉で、厚手の布にもすぐに穴が開く。前掛けはマストアイテムだ。

誰もが厨房に入るべし
男女共用エプロン完成

—— **圍裙** 〈 帆布エプロン 〉

ウェイチュン

「エプロン」というと、皆さんはどんな場面を思い浮かべるでしょうか。台所に立ったお母さんのエプロン姿、という方は少なくないはず。

しかしこのご時世、台所仕事は女性だけのものではなくなりました。男性だけでなく女性も外に出て働くケースが増えたからです。それは台湾でも同じです。

エプロンというと、フェミニンなデザインばかり。「男子厨房に入らず」は台湾でも定番フレーズですが、その理由はキッチン用品にあるのかも——。

こうして登場したのが神農生活ブランドで展開するエプロンです。帆布を使った若干マニッシュなデザインですから、男性も恥ずかしいと言っている余地はなく、むしろ張り切って台所仕事ができるはず。それに、厚手で丈夫な触り心地の生地は、油や水が跳ねても、調理する人と服をカバーしてくれます。

前面には左右に大きめのポケットがふたつ。その上にある小さめのポケットにも、スマホやペンなどを入れられて便利です。料理だけではなく、DIY、ガーデニングなどの作業用としても活用いただけます。

厨房へのジェンダー意識を取り払い、誰もが入れる場所にするための一歩として、いかがでしょうか。

メーカー	Poete i 詩意的是工作室
産地	台湾・台北
サイズ	縦87×横70cm
台湾価格	1,280元

☑ **Local**
☐ **Essential**
☐ **Seasonal**
☑ **Suitable**

台湾かあさんが作る
手作り石けんの清潔さ

── 肥皂〈石けん〉
フェイザオ

シャンプー、リンス、ボディーソープ、食器洗い用
洗剤に洗濯クリーナー……身の回りの洗い物というと、
今や液体の洗剤が主流です。でも、ほんの少し前まで、
洗い物といえば固形の石けんでした。衣服も体も、髪
の毛だって石けんで洗っていたのです。

神農生活で用意している石鹸は2タイプあります。
ひとつは洗った後に潤いがあり、保湿に優れているた
め、頭の先から足の先まで体の隅々まで洗う用として。
もうひとつはすっきり洗えるため、食器から洋服まで
を洗う用として。つまり、このふたつがあれば、家の
中の洗い物はほとんど事足りる、というわけです。

石けんの大事な要素になる香りは、レモングラス、
ローズマリー、マリーゴールド、ティートゥリーなど
7種類。気の向くままに選べます。

石けんを作っているのは、ハンドメイドで石けん作
りを続ける台湾かあさんたち。一般家庭の主婦だった
江さんが、毎日使うものを自分で作ろう、それだって
家族への愛情じゃないか、と思い立ったところからス
タートしました。今では作り方も教えるベテランです。

暮らしを手づくりする台湾かあさんの手による、愛
のこもった日用品を試してみませんか。

メーカー　江媽媽手作坊
産地　　　台湾・台北
重量　　　各100g
台湾価格　各195元

☑ Local
☑ Essential
☐ Seasonal
☑ Suitable

最初の役目を終えた日めくりが
リニューアルして新役に挑戦

―― 日暦再生筆記本〈 カレンダーリサイクルノート 〉

リーリーザイシェンビージーベン

デザイン性も品質も高い日本製のノートは、台湾でも人気です。それも素敵ですが、神農生活で扱うノートは少し趣が違います。というのも、用紙から新たに作られたものではなく、日めくりカレンダーの使用済み用紙を使っているから。実は、日めくりカレンダーは、多くの台湾家庭で親しみあるアイテムなのです。

大まかな傾向ではありますが、台湾で使われるカレンダーは、世代による違いがあります。若い世代はスマホなどデジタルのカレンダー、お子さんのいる家庭では壁かけのマンスリー、年配者のいる家庭で見かけるのが日めくりカレンダー。

今でこそ、そのような世代差があるものの、以前はどこのお宅の壁にも日めくりカレンダーが掛けられていました。それは、どこかの会社が年末の贈答用に製作する広告感たっぷりのデザイン。西暦の日付や曜日、二十四節気、運勢など、情報量はてんこ盛り。実用性を重んじる台湾らしいアイテムといえるかもしれません。昔の子どもたちは、最初の役目を終えた日めくりの裏側に、漢字の練習や絵を描いたりしたものです。

昔と変わらず紙質は滑らか、書き心地抜群。全面リニューアルしノートという新たな役目を果たすのです。

メーカー	雨田設計工作室
産地	台湾・台北
サイズ	縦21×横14.8cm
台湾価格	180元

☑ Local
☐ Essential
☐ Seasonal
☑ Suitable

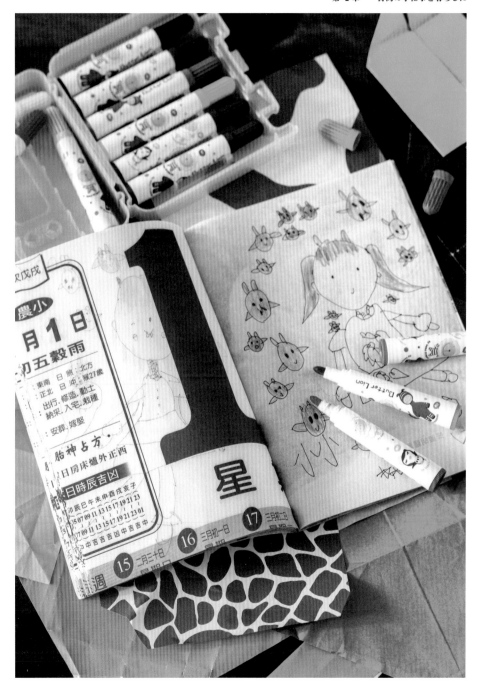

台湾のみんなの鉛筆が
神農生活アイテムに

—— 鉛筆 〈 鉛筆 〉

チエンビー

　パソコンやスマホの登場で、手書きする機会がすっかり減りました。でも、手書きの効能の高さは手帳ブーム、メモブームを経験している日本の皆さんはご存じのはず。スケジュール管理に優れ、思考を整理し、自分を見つめる機会になる——かなりの優れものです。

　書くための文房具には、鉛筆、ボールペン、万年筆などありますが、鉛筆は文字だけでなく、濃淡のある絵も描けたりと、活躍の場はかなり幅広い道具です。

　日本のトンボや三菱といった鉛筆の老舗ブランドと同じように、台湾にも玉兎というブランドがあります。創立は1947年。創業から70年を超えました。台湾で世代を超えて誰もが手にしてきた鉛筆の生産を始めたのは1964年。パッケージに「Made in Taiwan」と掲げたのも、台湾製造を堅持してきたからこそ。消しゴムのついたその姿は、「みんなの鉛筆」としての地位を獲得しています。

　そんな鉛筆も、文具の多様化により徐々にポジションを奪われていきます。そんな中、玉兎では「鉛筆学校」を開講。鉛筆の製造工程や今も稼働している工場の見学など、鉛筆のおもしろさを知ってもらう場です。

　日常に手書きを、そんな思いを込めたひと品です。

メーカー　玉兎文具行
産地　台湾・宜蘭
サイズ　長さ19×幅0.7cm
台湾価格　25元／本

☑ Local
☐ Essential
☐ Seasonal
☑ Suitable

台湾気分を満喫できる
ガラス製のグラスで乾杯！

—— 玻璃杯〈ビールグラス〉

ポーリーベイ

　熱炒（ルーチャー）と呼ばれる台湾式居酒屋に行くと、たいてい置いてあるのがこのガラス製のグラス。ジョッキビールではなく瓶ビールが主流の台湾では、大勢で互いにビールを注ぎ合い、ワイワイ言いながら飲みます。

　容量は、日本統治時代に専売局が当時のビールの品薄に対応すべく、できるだけ小さくするよう求めたのがその始まり。以来、台湾では143mℓがスタンダードに。633mℓ入りの大瓶のビールを2人なら3杯ずつ、6人で飲んでも1人1杯が行き渡るサイズ感がポイント。台湾式の乾杯は、日本式の乾杯と違って杯を空けるのが鉄則ですから、飲み干せるこの量がよいのです。

　台湾の誰でも知っているのは、台湾ビールが自社ロゴをプリントして熱炒に提供しているタイプ。そんな関係の深さも相まって、台湾でこのグラスは啤酒杯（ビールグラス）とも呼ばれています。

　女性でも持ちやすく片手に収まるこのグラスは手ごろ感も話題を呼び、「お土産に」という人が続出。今では、さまざまなロゴやデザインのものが出ています。

　神農生活では、「台湾」のふた文字、台湾の定番おつまみの文字をデザインしました。このグラスで台湾をダイレクトに感じてください。

メーカー	富春五金餐具股份有限公司
産地	台湾・台北
サイズ	直径6×高さ8cm
台湾価格	各120元

☑ Local
☐ Essential
☐ Seasonal
☑ Suitable

「懐かしい！」の声が聞こえる
実用度抜群のナイロン製バッグ

—— 日日好袋〈 ナイロンバッグ 〉

リーリーハオダイ

　台南・後壁の地名を台湾中に広めたのは、2005年公開のドキュメンタリー映画『無米樂』。台湾農業の近代化を生きる農家の姿を追った本作の、素朴でひたむきな姿勢が共感を呼び、後壁の米の評価が上がりました。

　その後壁で40年以上、台湾を代表するアイテムを作り続けるのが裕發塑膠茄芷袋公司という会社です。「台湾を代表するアイテム」とは、3色カラーでお馴染みのナイロン製バッグのこと。買い物袋としては、台湾の老若男女から「台客袋」などと呼ばれて親しまれ、また、日本の皆さんにもよく知られています。実はこのナイロン製バッグ、3色カラーのタイプだけではありません。その昔、農薬会社でも製品を入れるために丈夫でシンプルなナイロン製バッグを用いていました。神農生活では、頑丈なつくりと実用性の高さに着目し、形はそのままに「日日好袋」として新たにデザイン。

　水を気にせず使えるほか、持ち手は肩から掛けることもできる長さで、かなりの重さにも耐えられます。

　このバッグなら、スーパーや市場で買ったものをそのまま詰め、たとえ大根の土で汚れても、水でじゃぶじゃぶ洗えば元どおり。台湾の伝統市場では、きっと「懐かしいね！」と声かけられること間違いなしです。

メーカー	裕發塑膠工廠
産地	台湾・台南
サイズ	縦54×横27×マチ22cm
台湾価格	99元

☑ Local
☐ Essential
☐ Seasonal
☑ Suitable

使用済みの再利用こそ
真のエコロジー

—— 麺粉袋購物袋 〈 リサイクルバッグ 〉
ミエンフェンダイゴウウーダイ

日本で高級食パンブームが始まってすぐ、台湾にも人気店がやってきました。オープン時には長い行列ができるほど。そのしばらく前から、台湾のベーカリーでは日本製小麦粉の使用を謳うお店が増えています。

神農生活が提携するベーカリーから、空になった小麦粉の袋を引き取るようになったのも、そんな背景があったからこそ。ベーカリーで使命を遂げた袋を回収し、丁寧に掃除して、エコバッグとして生まれ変わらせています。元は25キロもの小麦粉が入っていた袋ですから、その強度はお墨付き。二重構造で、ちょっとやそっとで破れるものではありません。大きさもたっぷりしていて、買い物にもってこい。

街には、エコバッグとして新たに作られたものがたくさん店頭に並んでいます。素材はプラスチックだったり、帆布だったりとまちまち。ただ、ここで立ち止まって思いを巡らせてほしいのです。エコのために作られたものは本当に環境に優しいのでしょうか。表立っては謳ってないけれど、神農生活のバッグは、使い終わった紙袋をひとつひとつ丁寧にミシンがけしてできたもの。これこそ、本当のリサイクルであり、エコなのではないでしょうか。

メーカー	珮辰工作室
産地	台湾・台北
サイズ	縦43×横45cm
台湾価格	390元

☑ **Local**
☐ **Essential**
☐ **Seasonal**
☑ **Suitable**

生産者取材 → P. 154

産地へ向かう ⑧〉 麺粉袋購物袋

台北 濱江
タイペイ　ビンジャン

156

台北市
濱江

日本から来て、また日本へ──
二度、海を渡る小麦粉の粉袋

「長いこと縫製の仕事をしていますが、紙袋を縫ってほしいなんて初めてでした」

　6年前のこと。神農生活のスタッフが、少し前まで25キロの小麦粉が入っていた紙袋を持って、「これをエコバッグとして売り出したいんです」と黄郁雯さんの作業場を訪ねてきた。

　当時の神農生活は、まだオープンしたばかり。引き受け手がいないと、頼み込まれた。受け取ってしばらく、ひと息でミシンがかけられるようにと試作を重ねた。「取っ手の位置にロゴが来るように修正を加えたりして、今の形になりました」

　目の前で作業を見せてもらった。まず物差しで切り取り位置を測り、鉛筆で線を引いてハサミを入れる。「山茶花強力粉」というロゴの位置にあわせて折り曲げ、取っ手になる部分が見えてきた。袋になる側の上部分を口にし、おもむろにミシンをかけ始めた。ダダ、ダダダッと音がしたと思ったら、本体部分が完成。取っ手をミシンでフチどりし、半分あたりで切り離して、今度は取っ手を本体に縫い付ける。本体と取っ手が交差する部分は、十文字にミシンをかけたら、出来上がり──この間、わずか15分。強力粉の袋は、エコバッグへと見事な変身を遂げていた。

　ところで、黄さんは子どもの頃、母からこんなふうに言われて育った。「なんでもいいから技術を身につけなさい。そうすればご飯が食べられないなんてことにはならないから」。高校を卒業すると、ミシン職人のもとで技術を学んだ。

　卒業から20年以上経った今、主にカーテンの縫製を手がけている。ひと昔前なら台湾でも1家に1台ミシンがあったし、世の母親は誰もが自分でミシンをかけていた。

だが、今の台湾でこうした縫製の技術を持つ人は多くない。

「勤めていた会社の社長が引退することになって、私と同僚が2人で独立しました。若い人たちには、こういう仕事をやる人はいませんね。今、台湾で縫製の技術を身につけたいというのは、新住民の人たちです」

　新住民とは、東南アジアからやってきた外国籍住民を指す。縫製の技術は、台湾に止まらない形で受け継がれている。

「このお仕事を引き受けてから、気になって街中を観察してきたんですけど、この6年で1回しかこの袋を持っている人を見たことがないんです。結構な量を作ってきたのにおかしいなあ、誰が買ってるんだろうとずっと疑問でした」

　黄さんは笑いながらこう言った。慌てて、取材に同行の神農スタッフが訂正する。

P. 156 左上／鉛筆で線を引いた部分にハサミを入れていく。右上／黄さんの作業場があるのは、台北市でいちばん大きな卸市場の路地。作業場にはラジオが流れる。左下／20年以上使っている日本製のハサミ。切れにくくなると、研師に頼んで研いでもらう。だからすっかり細くなってしまった。右下／洋服を買う時、縫製の出来を必ずチェックするという黄さん。P. 157 ／ブラザーのミシンは、20年以上、黄さんの仕事の相棒を務めている。

「2年前から店頭にポスターを張り出したら、一気に売れるようになりました。しかも、日本のお客様が買って帰られるんです。すごく人気なんですよ！」

　黄さんが神農生活の依頼を引き受けた当初、持ち込まれたのは、台湾のスイーツ店で使用済みとなった日本製の小麦粉の紙袋だった。作業場には、海外から輸入した高額の布がある。粉がかかったらアウトだ。受けたばかりの頃は、作業場が粉だらけになって閉口した。そんなことがありつつも、今では他社も類似商品を出すほどのヒット作となった。

　日本製の小麦粉の袋は、海を超えて台湾へと渡り、役目を終えると、買い物袋という新しい役割を与えられ、また日本へと渡る。いつか日本へ旅した黄さんが、このバッグを持つ人を見かける日が来ますように――と思いながら作業場をあとにした。

神農生活ラバー かく語りき

台湾マーケットを牽引する
カルチャースポット

おきらく台湾研究所

おきらくたいわんけんきゅうじょ

インフルエンサー

ブログやSNSを通じて、台湾情報を発信したり、掘り下げてみたり。メンバーは所長(中学生・文房具好き)、研究員A(おいしいものを見つけるのが得意)、研究員B(気になることは徹底リサーチ)の3人。Twitter：@okiraku_tw　Instagram：@okiraku_tw

Favorites:

神農市場 シェンノンシーチャン

2013年、最初に訪れた時に撮影した店頭。今と変わらぬ外観だが、人出はめっきり増えた。

「以前、常宿にしていたホテルがあった関係で、台湾に行くと毎回台北の円山付近を散策していました。ちょうどこのエリアが大きく変化する時期で、訪れるたびに新たなスポットができていました。神農市場(当時)もその一つです。初めて神農に行ったのはオープンして数か月後で、わたしたちはかなり早い時期に訪問した日本人客だったと思います。

　当初の神農は海外からの輸入物も多く、台湾ローカル色は今より薄かったのですが、その後どんどん台湾化が進んでいったように思います。今でこそ、台湾でもナチュラルやオーガニックといった素材にこだわるショップは増えましたが、神農はその先駆けのひとつですよね。そういう意味では、台湾のマーケット全体が神農生活の取り組みに追いついてきたような印象です。

　お店を見て感じるのは、日本のお店だと「麻婆豆腐の素」のように仕上がりに近いものを販売しますが、神農生活は調味料などのパーツを売っていること。台湾と日本の料理観の違いが表れているような気がします。こんな風に、神農は台湾の食文化について知ったり、考察したりできるカルチャースポットとしても楽しめる場所だと思います」

台北を代表する
食雑貨のリーディングストア

伊藤雄一郎 （いとう ゆういちろう）

ビームス台湾ディレクター

1997年にBEAMSの店舗スタッフとして入社。その後メンズカジュアル部門のバイヤー、スーパーバイザーとしてキャリアを積む。2017年台湾法人設立に際し、駐在スタッフとして赴任。翌年1月より董事を務める。

Favorites:

温記大紅袍香麻辣油

ウェンジーダーホンパオシアンマーラーヨウ

今では本格的な料理も作れるほどに。その際に神農生活の食材が欠かせない。

「台湾に赴任する前、出張でリサーチした中に神農生活がありました。台湾ローカル色を打ち出すお店の中でも際立って魅力的でした。最初に買ったのはPB商品の魚卵ソース（黄金魚子醬）。それから、豚毛のブラシ（竹柄豬毛鞋刷）やデスク用のホウキ（吉祥草掃把）とちりとり（亞鉛畚斗）など、神農生活で買ったアイテムがうちに増えていきました。

　雑貨だけでなく食材も増えましたね。台湾へ赴任してきた2017年から、2020年に家族が渡台するまでの2年半ほどは一人暮らしで、この間に料理を始めたんです。海外にいると日本食が恋しくなるし、外食も飽きてくる。神農生活には簡単にできる食材が揃っていることに気づいたんです。今では、うちの冷蔵庫には神農生活で買った調味料がたくさんあります。中でも、お気に入りはラー油（温記大紅袍香麻辣油）です。そろそろなくなりそうなので買い足さないと（笑）。

　縁あって2019年には神農生活とコラボ商品を作りました。大変評判が良かったです。神農生活は、台北を代表する魅力的なストアだと思いますし、今後も一緒におもしろいことをやりたいですね」

これまで日本にはなかった
業態のショップ

三矢健 みつやけん

(株) 蔦屋書店 執行役員

(株) 蔦屋書店 文具雑貨事業部所属。1987年、カルチュア・コンビニエンス・クラブ (株) 入社。2010年独立。東京蔵前で「TaiwanTea & Gallery 台感」の立ち上げ、「印花樂」など台湾ブランドの代理店を手がける。2019年より現職。渡台歴20回以上。

Favorites:

傳統天日曬粗鹽

チュアントンティエンリーシャイツーイエン

台湾産の粗塩。日本のものより塩分が高く感じられ少量で十分な味付けに。焼き魚や漬物におすすめ。

「偶然、神農生活に行ってから5、6年になりますが、今はなきアメリカのDEAN & DELUCAみたいだなと思ったのを覚えています。日本の店舗はどちらかというとカフェメインの店づくりなので、神農生活はアメリカのものに近いと感じました。台湾にもこんなにセンスのいいショップがあるんだ、と新しい発見でした。

台湾の調味料や食材を購入し、海鮮ソース (海鮮干貝醬)、極上星貝柱ソース (極品干貝醬)、黄金キャビアソース (黄金魚子醬) など今もリピートしています。特にフライドエシャロット入りガチョウオイル (黄金鵝油香葱) は、ご飯のお供にもなるし、チャーハンや炒め物にも使えて、重宝しています。入れるだけで、コクが出ますし、醤油を入れれば日本人好みの味になって使いやすいです。

日本でいうと成城石井や明治屋に少し似ているとも思いますが、しっかりした食事を出すレストランが併設されているのは神農生活ならではですね。まるっきり同じ業態のショップは、日本では見あたらないかと。今後、日本オリジナルの商品なども展開されるのではないかと大いに期待しています!」

台湾の風土を感じられる
最先端の空間

片倉真理 <small>かたくら まり</small>

ライター

台湾に関する書籍やガイドブックを企画・執筆するほか、現地コーディネートを手がける。雑誌『&Premium』やCREA Webで連載中。著書に『台湾探見〜ちょっぴりディープに台湾体験』『ときめく台湾みやげ』など。Twitter：@formosamari Instagram：@marikatakura

Favorites:

講菇事 − 芥末香菇餅乾
<small>ジアングーシー・ジエモーシーアングービンガン</small>

おやつにもお土産にもなる、きのこチップス。サクサク食感がお気に入り。

「自然農法の食品にこだわった面白いスーパーができたという話を知人から聞き、円山を訪ねたところ、「Made In Taiwan」の優れたものがたくさんあることに圧倒されました。品質管理とセレクト、バリエーションの豊かさ、ディスプレイの仕方など、それまで台湾にあったスーパーや自然食品店とはまったく異なり、最先端をいく店という印象でした。

台湾各地の特産品が集まっているので、その時の思い出が蘇る一方、知らなかった名産品も多く、新しい一面を知る面白さもあります。ロットが小さい商品も多く、かつ値段が手頃なのでお土産にしやすいですし、PB商品が増えているのも魅力的ですね。

コーディネーターという仕事柄、台湾へ取材に来たライターやカメラマンが「お土産を買いたい」と言うと必ず神農生活へ連れて行きます。以前、お笑い芸人の渡辺直美さんをお連れした時にも非常に喜ばれました。手短に台湾のいいものを購入できるのはありがたい存在。世界中のいいものを見てきて目が肥えている人たちも喜ぶのは、本物の証だと思います。安心して案内できる場所です」

信頼できる台湾食材を
手に入れるならここ

山脇りこ やまわき りこ

料理家

料理家。雑誌や新聞、テレビで活躍。和をベースにしたちょっとモダンな家庭料理が人気。著書『明日から、料理上手』が『明天開始，輕鬆做好菜』として出版されたのを機に台湾でイベントなど開催。ガイド本『食べて笑って歩いて好きになる大人のごほうび台湾』など多数。Instagram：@yamawakiriko

Favorites:

駱駝牌菜挫 ルオトゥオパイツァイツオ

三根法棍 サンゲンファーグン

買い物かごはこのまま普段のお出かけにも。スライサーは和の食材でも大活躍するアイテムだ。

「初めて台湾を旅行したのは1989年のこと。戒厳令解除からわずか2年で、(暗いな)という印象でした。しばらく台湾を訪ねる機会がなかったのですが、トランジットで再び台湾を訪ねたところ、印象は一変。明るいし、きれいだし、お料理も断然おいしくなっている！と驚きました。その後も台湾を旅行しましたが、著書『明日から、料理上手』が台湾で翻訳出版されたのを境に、仕事も含めて一気に台湾に行く回数が増えました。

神農生活を知ったのは、雑誌だったのかな。お店で新しい調味料などを見つけるたびに、すべて買って試しています。

今でこそ、台湾にもオーガニック系のお店は結構できましたが、例えば5年前に米粉100％のビーフンを扱うお店なんてほとんどなかった。一度、わざわざビーフンの産地である新竹まで出かけて散々探し歩いたのに見つけられず、泣きながら台北に戻ってきて、神農生活に行ったら置いてあった（笑）。その時の体験が衝撃的すぎて、わたしの神農生活への信頼は確固たるものになりました。見たことのないものをまとめて見られて、かつ信頼のおけるスポットです」

台湾食材の人気は
日台イベントで折り紙つき

小路輔 こうじ たすく

プロデューサー

WEBマガジン「初耳 / hatsumimi」代表兼編集長。「Culture & Art Book Fair」「TAIWAN PLUS」といった日台のイベントや、『TAIWAN EYES Guide for 台湾文創』『+10 テンモア 台湾うまれ、小さな靴下の大きな世界』といった書籍のプロデュースに携わる。

Favorites:

冬菜　ドンツァイ

白兔牌上烏醋　バイトゥーパイシャンウーツー

調味料を使うだけで、手軽に台湾の味を再現できるのがうれしい。

「2018年、2019年と連続して東京上野公園でTAIWAN PLUSと銘打ってイベントを行いました。マーケットにライブにと盛況で、おかげさまで2018年は5万人、2019年は8万人とたくさんの方にご来場いただきました。お客様からは台湾の調味料や食材をもっと出してほしいという要望が多く、2019年に神農生活に出店してもらったところ、大盛況でした。調味料はたいてい瓶詰めで、重量もあるので日本へ持ち込むのはかなり大変だったと思います。

　個人的にも、台湾の食材は日常的に使っています。最初は結構、パケ買いして試していましたが、そのうちに自分の定番調味料になったのは、冬菜*と黒酢です。冬菜はワンタン麺のスープにできるし、黒酢（白兔牌上烏醋）は中華スープに入れてとろみをつければサンラータンになる。使い方も簡単で、重宝しています。お土産にして喜ばれたのは、神農生活のPB商品である汁なし麺*（乾拌麺）や赤い豚の貯金箱（小猪撲満存錢筒）です。

　台湾へ行きづらくなってしまった今、大阪店は日本の人たちにきっと喜ばれるものと思います」

　＊冬菜：P.024 参照、汁なし麺（乾拌麺）：P.050 参照

"映え" のする
おもしろいものがきっとある

十川雅子 とがわ まさこ

編集者

『台湾のおいしいおみやげ』『台湾かあさんの味とレシピ』など台湾関連書籍を手がける編集者。2011年に初めて行った台湾に心奪われ隙あらば旅に。その後、会社を辞めて台北に短期留学へ。台湾の變電箱（電気ボックス）と臭豆腐に縣想中。

Favorites:

小茶栽堂 黃梔烏龍茶

シアオチャーザイタン
ホアンジーウーロンチャー

お茶に加えて、その都度ゲットしたアイテムを2、3種類まとめる。

「新型コロナ問題が起きる前は、毎年3度ほど台湾に行っていました。そのたびにお土産を買って友人や同僚たちにあげるのですが、神農生活にはおしゃれなデザインのものがたくさんあり、「かわいいね」ととても喜んでもらえます。渡すときには、1種類を箱ごとではなく、何種類かをバラしてオリジナルの詰め合わせセットにします。そのお土産セットの中にいつも入れるのが、クチナシの香りのお茶です（小茶栽堂 黃梔烏龍茶）。クチナシの香りのお茶はあまり見かけないので、これもまた喜ばれますね。

　そうやって "映え" のするものが確実に手に入るので、神農生活には、台湾に行くたびに寄ります。何かおもしろいものがあるんじゃないか、と思っていくと、たいてい、違うものがあるのが楽しいです。これまで、インスタント麺やおかゆ、調味料などいろいろと試してきました。中でもわたし自身が気に入っているのは、PB商品でもあるひまわりのタネが入った調味タレ（葵花籽辣油醬）です。麺にかけてもいいし、そのままでもOK。根がずぼらなので、こういう手軽に使える調味料はとても重宝しています。大阪店のオープンも楽しみですが、台湾渡航が解禁になったら、きっとまた行きます」

データ一覧
本書制作にあたり、取材協力いただいたメーカーや店舗の一覧です。

産地取材協力先

P. 038-043 〉 澎湖 │ 海鮮醬

博勛食業有限公司 ポーシュンシーイエ
ヨウシアンゴンスー
https://www.triphome.com.tw/connection.html

P. 056-061 〉 新竹 │ 牛耕自然米

水牛學校 シュイニウシュエシアオ
https://www.facebook.com/ 水牛學校 -605531632860536/

P. 068-071 〉 台南 │ 果乾

鈺豐農特產行 ユーフォンノントーチャンシン
https://www.miwango.tw/

P. 076-081 〉 南投 │ 台灣茶

品香茶業（股）公司 ピンシアンチャーイエ
（グー）ゴンスー
https://daebete.com.tw/

P. 118-121 〉 新竹 │ 驅蚊包

鴻安堂 ホンアンタン
https://wuyi1920.shoplineapp.com/

P. 126-131 〉 新竹 │ 手工竹編籮籃

李謙宏竹編工作室 リーチエンホンゴンズオシー

P. 136-139 〉 台南 │ 亞鉛澆花器

蔡記五金行 - 隆興 ツァイジーウージンハン
- ロンシン

P. 154-157 〉 台北 │ 麵粉袋購物袋

珮辰工作室 ペイチェンズオシー

レシピ開発協力先

　今回、神農生活の商品を使ったレシピを考案してもらったのは、東京・江戸川橋にある FUJI COMMUNICATION。台北中を食べ歩きインスパイアされた、気取らないメニューをラインナップ。2号店となるワンタン専門店「also」が2021年2月にオープン。

P. 082-089 〉 **FUJI COMMUNICATION**
フジコミュニケーション

東京都新宿区水道町1-23 石川ビル2F
営業時間：11:30 ～ 14:30（LO14:00）、17:30 ～ 23:00（LO22:00）
Tel：03-5579-2712　Instagram：@fuji_communication_

神農生活 店舗　https://www.majitreats.com/stores

神農市場 圓山花博店
台北市中山區玉門街1號
営業時間：月～金曜12:00 ～ 19:30、
土・日11:00 ～ 21:00

神農生活 誠品南西店
台北市中山區南京西路14號4樓
営業時間：月～木曜11:00 ～ 22:00、
金～日曜11:00 ～ 22:30

神農生活 海外1号店
大阪市阿倍野区阿倍野筋1-1-43
あべのハルカス近鉄本店内
営業時間：10:00 ～ 20:00

おわりに

近鉄百貨店の秋田拓士社長と初めて会ったのは、まだ新型コロナウイルスが蔓延する前のことでした。「微笑みの社長」こと秋田社長から突然、申し込まれた縁談が実り、神農生活は日本へと嫁ぐことになりました。

　この本の出版を進めている今も、まさに世界中が新型コロナウイルスの脅威にさらされています。神農生活の海外1号店スタートに向けて、台湾と日本のチームスタッフは、毎週、オンライン会議を頼りに準備を進めてきました。

　本書は、台湾で生まれたライフスタイルショップ「神農生活」のブランドブックです。前身の「神農市場」として2013年の設立から今まで、お客様によりよい商品をお届けすべく、台湾各地の風土や食の物語を掘り起こしながら進んできました。

　本書では「台湾の感性を 普段の暮らしへ」をコンセプトとして、日本とは違った台湾というスタイルの提案と各地のストーリーを通じて、台湾の食と雑貨の魅力をお伝えしてきました。

　さまざまな商品のキュレーションよって伝統と現代が響き合う暮らしという観点が生み出され、神農生活というライフスタイルショップを形づくり、そしてまたそれが日本へ、そして世界へとつながっていくことを願っています。

2021年 春
神農生活CEO

范姜群季 ファンジアン チユンチー

神農生活CEO、MAJIブランドディレクター、小山丘 私厨 シアオシャンチウスーチュー
ブランドディレクター。日々の暮らしを居心地よくするための
コンセプトワーク、ブランディングを得意とする。ブラン
ドのゼロからの立ち上げ、雰囲気づくり、商品企画、店舗デ
ザイン・運営など、穏やかな思考で各プロジェクトの魅力を
最大化する。様々な企業や政府関連のプロジェクトで顧問や
講師としても活動している。

Staff

アートディレクション・デザイン：村手景子 (TE KIOSK)
撮影：簡子鑫、細谷謙介 (P. 082–089, 165)
取材・編集・執筆：田中美帆
編集：鈴木めぐみ・望月健生 (HaoChi Books)、山本尚子 (グラフィック社)
企画：李慧君 (神農市場有限公司)
制作協力：神農生活品牌中心、財団法人台湾デザイン研究院、行政院農業委員會 TGA 計畫

台湾を日常に
「神農生活」のある暮らし
シェン ノン シヨン フオ く

2021年4月25日 初版第1刷発行

著者　　神農生活 CEO 范姜群季
発行者　長瀬聡
発行所　株式会社グラフィック社
　　　　〒102-0073 東京都千代田区九段北 1-14-17　Tel. 03-3263-4318　Fax. 03-3263-5297
　　　　http://www.graphicsha.co.jp　振替 00130-6-114345
印刷・製本　図書印刷株式会社